映像・動画制作者のための
サウンドデザイン入門

これだけは知っておきたい音響の基礎知識

はじめに

皆さんは映像や動画と聞くとどんなコンテンツを思い浮かべるでしょうか。

これまでテレビ番組や映画が代表の座に君臨してきましたが、現在では、SNSや動画共有サイトなどさまざまなメディアやサービスが台頭し、プロアマ問わず多くの方が広い目的で使用するコンテンツとなってきました。それに伴い制作ツールや機材も数多く生まれ、個人でも制作できる環境が整っています。その結果、世の中には視聴しきれない大量のコンテンツが存在していますが、制作環境だけでは補いきれない差別化のポイントにクオリティがあります。

例を挙げると、昨今では一般企業や個人においても映像・動画コンテンツを使用するケースが増えてきており、商品やサービスの周知、採用やコミュニティ構築のためのPRといったあらゆる用途で映像・動画が作られています。そのクオリティは、メッセージの伝達力や企業・ブランドイメージ、そもそもの視聴意欲に直接関わってきます。

そして、このクオリティを構成する大きな要素のひとつが「音」です。

映像や動画は、大きく分けると視覚で伝える動画像（以下、画）と聴覚で伝える音響（以下、音）で構成されます。前者は比較的多くのマニュアルやティップスといった制作ナレッジが存在し、個人でも高い品質を達成するコンテンツが見受けられますが、音については画のそれと比べるとまだまだ学ぶ場や磨く術が少ないのが現状です。そのため音に対する制作意識自体も低くなり、これが映像・動画コンテンツの総合力を低下させているケースが少なくありません。

従来から映像・動画制作は予算が多いビッグプロジェクトになるほど分業化されていますが、比較的ローバジェットなプロジェクトにおいては、画と音をまとめてひとりの制作者またはひとつの制作チームに依頼するケースも増えてきており、仮に画を専門とするクリエイターであっても、音を扱うための最低限の知識や技術は求められます。

また分業下においても、隣で何が行われているか理解することで、プロジェクト全体を意識しながら個々の作業にあたることができ、クオリティの担保や効率化、コミュニケーションの観点からも、知識や手順を共有していることはとても有効な成功条件といえるでしょう。

本書はこのようにすでに映像・動画制作を行っていて、音への苦手意識をお持ちの方、さらに音の品質向上を目指したいと思っている方をはじめとし、これから映像・動画制作に携わる方、そして音楽業界を目指す方にも理解いただけるよう、これだけは外せないという音の基礎知識を中心にまとめています。

また、音の特性や扱い方のみならず、BGMやSE（効果音）の作り方、ナレーションのレコーディング、そしてエディットやミックスやMAといった完パケまでに必要な工程の一連を網羅し、実際に手が動かせるようになることを目的としています。本来、音の扱い方は千差万別で決まったフォーマットがあるわけではありませんが、音の扱いに慣れていない方にも制作イメージを掴んでいただくために、付録の素材を参照・利用しながら、簡単な作例を完成させていきます。

そして、音楽や音響の知識を持たない方でも人に聴かせるクオリティを担保することは十分に可能なため、楽譜やコードがあまり得意でない、音響学や電気学の知識がない、専門用語をあまり知らないという方を想定し、汎用性や実現性を見込んでできるだけ具体的な手法や数値、考え方をあえて例として出しています。

音を扱う工程の最大値となりえる音楽制作のフローをベースとし、それを映像・動画制作に落とし込むことで、必要となる工数の棚卸しをしつつ、少なくとも最低限必要な項目だけは実践できる力を授けます。

これらすべてが必ずしも皆さんの制作にマッチするわけではありませんが、手掛かりのひとつとしてまず音の作り方を実感し、音を扱うとはどういうことかその感覚を身に付けて、サウンドデザインの本質に触れていただきたいと思います。その上で自分なりのやり方を模索いただくことで、スキルアップしやすい流れを作っていくことができるでしょう。

なお、中ではいくつかのDAWを例に説明していきます。昨今のDAWはどれかひとつを使えばすべて完結できるくらい高機能なものになってきていますが、それでもやはり各DAWによって得意不得意はあります。実際の制作現場でも作業内容によって使い分けることが多いため、これに沿ってDAWを選んでいます。体験版や無償版が用意されているような比較的多くの方が入手しやすいツールとして、まずBGMやSE作りにはApple社のGarageBand（一部、Logic Pro X）を、レコーディングやミックス、MAにおいてはAVID社のPro Tools First（一部、Pro Tools）を使っていきますので、お手元にご用意いただけるとより理解が深まるはずです。

本書が、音の不得手により片手落ちとなった映像・動画コンテンツ力の底上げに寄与し、音の知識を得て今より一段、二段と高いクオリティを達成したいと願うすべてのクリエイターにとって成功の一助となれば幸いです。

Contents

Chapter 5

効果音制作 …… 135

Chapter 6

音声レコーディング …… 163

Chapter 7

MA …… 195

本書の構成

本書のおおまかな流れは以下のようになっています。

サウンドデザインのための前提知識

音って何だろう？ プロはどうやって作ってるんだろう？ 音を扱う前に知っておくとよいサウンドデザインの基礎をまとめています。

BGM制作

映像につける音の代表格として、BGMの作り方を紹介します。既存素材を組み合わせるパターンとMIDIで打ち込むパターンで実際に作曲をしてみます。

エフェクト

それぞれの音に演出効果を与えるエフェクトを紹介します。音に響きを与えたり、音のキャラクターを変えたり、主にプラグインを利用します。

ミックス

最終的な聴き栄えを良くしていく、ミックスのテクニックを紹介します。それぞれの音が混ざった時のバランスを調整し、パワーアップさせる手順です。

効果音制作

映像につける効果音の作り方を紹介します。ここでは音源素材から足音を作ってみます。Chapter. 3とは異なる観点でエフェクトを活用します。

音声レコーディング

ナレーションを例に、音声収録の流れと機材・ツールの設定、録音素材の編集方法を紹介します。ボーカルや楽器といった演奏の録音にも触れています。

MA

MAとはマルチオーディオの略で、映像に音をつける工程です。ここまでに作った音を画に合わせて配置し、映像とリンクする最良のパフォーマンスに調整していきます。

DLファイルについて

本書の解説に用いたデモコンテンツを、以下からDLのうえご利用いただけます。

http://www.bnn.co.jp/dl/sound-d/

参照のタイミングは本書に記載してあります。

Chapter. 2		
SD-ch2フォルダ>	**GarageBand プロジェクトファイル**	■ DEMO_MIDI_SoundTrack_No_Arrange.band ■ DEMO_MIDI_SoundTrack_Arrange.band

Chapter. 5		
SD-ch5フォルダ>	**音声ファイル**	■ DEMO_FootstepsSE_2mix.wav
	動画ファイル	■ DEMO_FootstepsMovie.mp4

Chapter. 7		
SD-ch7フォルダ>	**音声ファイル**	■ DEMO_BGM_Audio.wav ■ DEMO_BGM_MIDI.wav ■ DEMO_DoorSE.wav ■ DEMO_FootstepsSE.wav ■ DEMO_NA.wav
	動画ファイル	■ DEMO_Movie.mp4 ■ DEMO_MA_2mixMaster.mov

※本書の執筆には以下のバージョンを利用しました。
GarageBand 10.3.2 / Pro Tools First 2019.6.0 / Pro Tools 2018.10.0 / Logic Pro X 10.4.6

Chapter.1

サウンドデザインのための前提知識

音は目に見えずとも、さまざまな表現をすることができる、多様性に富んだコンテンツです。制作においてもあらゆる方向から音にアプローチし、その時々に合ったアプローチ方法をとる（選ぶ／決める）ことで、はじめて意図した通りあるいはそれに近い音になるようコントロールすることができます。アプローチの術は時にはちょっとしたルールだったり、考え方だったりすることもあり、この「ちょっと」を知っているか知らないかで、最終的なクオリティが変わってきます。

1-1 音を必要とする仕事

Jobs that require sound

例えば映画を観るとき、音が流れなかったらどう思うでしょうか。短い時間であれば演出と思うかもしれませんが、時間の経過と共に違和感を覚えると思います。逆に画面が真っ暗で音だけ流れていたらどうでしょうか。程度の違いはあっても同じような感覚に陥るかと思います。つまり画と音は同じくらい重要な要素です。

一方、映画の感想としては「映像が綺麗だった」や「役者や演技がかっこよかった、可愛かった」、「ロケーションが良かった」、「衣装がゴージャスだった」という視覚的な要素がよく挙げられます。聴覚的には「音楽が素晴らしかった」という意見を聞きますが、「音が綺麗だった」、「声やセリフがかっこよかった、可愛かった」、「環境音や録音状態が良かった」、「効果音がゴージャスだった」という感想はあまり聞きません。

このように特に映像や動画における音は、画と比べ印象としてやや存在が薄い傾向にあります。言い方を変えれば、あって当たり前、良くて当たり前という印象を持たれている可能性があり得ます。しかし、この「当たり前」は誰かの手によって作られているのであり、決して手を抜ける要素ではないのも事実です。

映画や音楽といったわかりやすいコンテンツ以外にも、音は至るところに存在し、それだけ仕事として音を扱う機会も存在します。あって当たり前、しかしなくてはならない「音」は、見えにくいだけであって確実に必要とされる重要な要素なのです。

なぜ音を必要とするのか

音は音楽、映像をはじめ、Web、ゲーム、アニメなどさまざまなエンターテインメントコンテンツで必要とされています。業界外に目を向けても、交通や福祉、医療など活用の範囲は多岐にわたります。

従来の制作においては、画は映像・動画クリエイターが、音は音楽・音響クリエイターが担うという、縦割りのスタイルがスタンダードとなっていました。しかし、高性能なコンピュータや高速インターネット回線などの環境が広く普及した今日においては、各役割がクロスオーバーしている状況があります。これにより、映像・動画クリエイターなどのいわゆる「音屋」でない制作者が音を扱う機会が多くなってきており、ビジネス上でも相応の知識やスキルが求められることが増えてきています。

そのひとつの要因に、これまで映像・動画コンテンツをあまり扱うことのなかった一般企業や個人でもコンテンツを必要とする機会が増えたことがあります。この場合、テレビや映画ほどの予算はなく、そこまでのクオリティは求めないものの、ホームビデオのそれとは一線を画すミドルクラスのクオリティが求められます。つまり、画・音をまとめて依頼するといったケースです。その際、制作者としては、専門分野外のスキルをどこまで活かせるか、それでクライアントの要望を満たせるかを測る必要があり、足りない場合は外注することも想定しなければなりません。

映像・動画クリエイターが音を扱う場合、自分でやる、もしくはここから少しスキルを磨くとここまではできる、ここからは外注しなければならないというレベルを判断する力が必要になります。外注する場合であってもただ丸投げしてしまうと求めた音にならないことがあるため、しっかり意図した音を制作してもらえるよう、基本的な音の知識やディレクション力は必要になります。

このように、これからの映像・動画クリエイターには業種問わず音へのアプローチが外せません。本書では、膨大に存在する音知識の中で、制作に最低限必要な項目を抽出し、紹介していきます。

音響技術を必要とする仕事

音に関する知識やスキルといった音響技術を必要とする仕事と聞くと、音楽を実際に演奏するアーティストやミュージシャンなどが最もイメージしやすいでしょう。レコーディングやPA（ライブやイベントなどの音響）、MA（テレビや映画などの音響）のエンジニアやディレクター、プロデューサーも比較的思い浮かびやすいと思います。

音楽業界全体を見回すと、ローディやトランスポート、楽器のクラフトやリペア、スタジオやホールを設計する建築音響の技術者、オーサリングやメンテナンスのテクニカルエンジニアといった非常に多くの技術職があります。さらに、A&Rやプロモーター、営業や販売者など直接技術的に手を動かさない職種であっても多少の知識は必要です。

業界外を見ても、テレビや映画の音声、音効をはじめ、Webやゲーム、アニメなどのサウンドクリエイター、車や交通の騒音などを計測する技術者、音を用いた医療機器を扱う技師など、幅広い分野で音響技術が用いられており、さらにいえば彼らの周辺で活動する関係者も多少なりとも音の知識を求められる可能性があるでしょう。

それぞれが必要とする知識やスキルの量や種類は違いますが、すべてにおいて共通となる基礎知識はありますし、その共通知識の上に各分野の専門知識や技術が成り立っています。その場合、基礎知識は業種を超えた共通言語となり、正確なコミュニケーションをするための重要なファクターといえます。また基礎の上に専門知識を積み上げていくとすれば、そこが内製か外注かを判断するひとつの基準になり得ますし、自らが新たに挑戦する場合であっても今ある技術をどの程度伸ばせば目的に達するかが測りやすくなり、同時に相手のやろうとしていることへの理解にもなるでしょう。それでは、まず音が何者で、どんな性格の持ち主なのか、音を扱うために必要となる基礎知識を紹介します。

1-2 音の特性と信号処理

Sound characteristics and signal processing

音は主に、空気の振動により伝達されるアナログ信号です。「主に」というのは水や木なども音を伝えることができるためです。しかし、最も一般的な媒質はやはり空気です。このように音は身近にある存在なので、あらためて音の知識を得るといっても、実は普段から特別な意識をしてないだけで、日常的に音と接して体感していることも多くあります。ではいくつか音の特性を見ていきましょう。

音の計測

世の中にはたくさんの音が存在しますが、人はその中の一部しか聴くことができません。言い換えると、人が音として認識できる範囲には限界があるということです。この音を測るときにはよく、音の高さ（周波数）と音の大きさ、そして音色の3軸を用います。

⦿ 音の高さ

周波数とは、1秒間あたりに何回音波が振幅するかを意味し、数値が高いほど高音になり、数値が低いほど低音になります。単位をHz（ヘルツ）で表現します。一般的に人は20Hzから20kHzの範囲を聴くことができ、この範囲を可聴周波数や可聴域と呼びます。

近年の研究では人は20kHz以上の音を認識することができるという見解もありますが、音楽制作のツールや環境の多くは、20Hzから20kHzを対象としているものが多いため、本書での可聴周波数はこの通りとします。

⦿ 音の大きさ

もうひとつの軸が音の大きさです。単位をdB（デシベル）で表現し、一般的には0dBから120dB程度の範囲で計測されます。これを超えると耳に大きなダメージを与えてしまいます。耳の鼓膜が破れると言うような甚大なダメージです。
可聴周波数もそうですが、これは基準値のひとつであるため個人差があります。つまり120dB以下であってもダメージを受ける人はいるということです。例えば人と一緒に音を聴く場合や音の出ているヘッドホンを相手に渡す場合などは、あらかじめ少し小さめの音にしておき、確認し合いながら音量を上げていくとよいでしょう。

⦿ 音色

音色は波形の形そのものから読み取ることができます。例えば、ピアノとギターで同じ高さの「ラ」の音を同じ大きさで弾いたとします。これは、周波数も音の大きさも同じです。しかし、両者の違いは簡単に聴き分けることができます。
音は、その音の基準となる基音と、基音の周辺で鳴る倍音(上音)の組み合わせで成り立っています。この組み合わせの割合が違うことが音色の違いになり、私たちは聴き分けることができています。

音の性質

音は目に見えなくともさまざまな性質を持っています。人間と似ているところもあって、温度や存在する空間によって特徴が変わります。そこで、音そのものの性格や伝わり方を知り、どう音と付き合っていけばよいか、またデジタル化した時の音の扱い方はどうなるか、音が何者かを追っていきましょう。

⦿ 音の速度

音は1秒間に約340m進む速さで伝わります。この速さをマッハ1と呼んだりします。またこの速さは温度によっても変わり、温かいほど音速は速く、寒いほど遅くなります。
日常生活でもこれを体感する機会はあって、例えば雷が鳴っている日、空が稲妻で光り5秒後にゴロゴロと鳴るようであれば、340m×5秒の計算でだいたい1.7kmほど離れたところで雷雲が光ったことになります。遠いからといって安全というわけではありませんが、空が光ったら心の中で1、2……とカウントし音が聴こえたタイミング(秒数)に340mをかければ、雷雲までのおおよその距離がわかります。

⊙ 音の進み方

速度以外に音の進み方にも特徴があります。基本的に周波数が高い、つまり高音であるほど音は直線的に進み、低いほど回折しやすくなります。低音になるほど四方八方に伝わりやすいということです。

これは、どんな周波数の音であれ、真っすぐ直線的に進むだけではなく横や後ろなど周りにも発生していて、その割合や性質が違うということでもあります。試しにスピーカーの正面と裏側両方に立ち、音を聴き比べるとわかりやすいでしょう。裏側のほうが音量が下がるだけでなく音がこもって聴こえるのはこのためです。他にも音は材質により、壁や物に反射して移動角度が変わったり、吸収されたりもします。

ハウリング

これら音の性質が大きな要因のひとつとなって発生するのがハウリングです。ハウリングの仕組みを簡単に説明します。

まず音の入口はマイク、出口はスピーカーですね。マイクに入力された音がスピーカーで出力されて終息するのが一般的な信号の流れです。しかし、出力された音が終息せず再びマイクに入力されまたスピーカーから出力されるという、このサイクルのループが生じることでハウリングが起こります。そのため、スピーカーの真正面にマイクを置くと当然ハウリングしやすくなります。逆にいうと、スピーカーから離し、スピーカーの左右または後ろにマイクを持っていったほうがハウリングしにくくなります。

しかし、これでもハウリングすることはあります。前述のように音は前後左右上下すべてに発生しているので、特定の周波数は離したそのマイクにも確実に入力されているためです。この量が多くなると結局ハウリングします。

ライブハウスやカラオケボックスでハウリングを体験した人も多いのではないでしょうか。特にライブでは複数のスピーカーが客席に向けて設置されています。また、舞台には複数のマイクがあるだけでなくギターなどのアンプ、演奏者が音を聴くためのスピーカー（返しや転がし、モニターとも呼びます）が複数設置されています。カラオケボックスにも複数のスピーカーやマイクが存在しますよね。ライブハウスよりもその数は少ないかもしれませんが、反面比較的狭い空間であり、にもかかわらず大きめの音量を出します。このようにひとつの空間に複数の入口と出口が存在し、そこに大きい音が発生するとなると、ハウリングしやすい環境であることがわかるかと思います。

⦿ ハウリング対策例

音は使用機材、温度、ハコの構造や観客の人数などさまざまな条件で性質が変わります。そのため、必ずしも解決できるという決まった策はありません。そのうえで、もしあなたがライブのPAになったら、またはカラオケボックスに行ってハウリングが起きてしまったら、次のことを試してみてください。

● マイクの位置を変える

まずどの方法でもどんな音がハウリングしているのか知ることから始めます。それはハウリングする音そのものが解決のヒントにもなるからです。「キーン」という高音や「ブーン」という低音のように、その時々でハウリングする音が異なります。この音、つまりこの周波数がハウリングを起こしているわけです。そのため、例えば「キーン」とハウリングしてしまったら高音域の音がループしないようにします。

前述のように高音は直線的に進みやすいので、スピーカーの正面またはその直線上にマイクを置かないようにしましょう。ずらしても鳴る場合は、壁などに反射した音がマイクに入っている可能性があるので、さらに別の位置にマイクを動かします。

● マイクの持ち方を確認する

カラオケやライブでよく使われるマイクをイメージしてみてください。ドーム状の収音部と持ち手となるボディの構造になっていますね。通常はボディを手で持ち収音部を口に近づけるわけですが、時々収音部を手のひらで覆うように持って歌う人がいます。このように持つとマイクの性能のひとつである指向性が変わってしまい、不要な音を拾いやすくなることでハウリングしてしまうことがあります。

持ち方も大事なパフォーマンスですが、このせいでハウリングしている場合は、持ち方を変えてみるもの対策のひとつです。

● 使わないマイクをミュートする

ハウリングは音の入口や出口が多いほど起こりやすくなります。そのため、曲中であっても使わないマイクは一時的にミュート（オフ）にしておくとよいです。ライブではPAがそのコントロールをしていたりします。カラオケの場合、使ってないマイクのスイッチは切っておきましょう。

● グラフィックイコライザーを使う

音響機材のひとつにイコライザーというエフェクターがあります。これは特定の周波数を大きくしたり小さくしたりする機能を持ちます。この周波数を細かく選び増減調整できるのがグラフィックイコライザーです。

「キーン」という音は数kHzまたは10数kHzであることが予想できるので、その範囲の周波数を一つひとつ下げて消えるポイントを探ります。ライブハウスでは常設設備として導入されているところも多いので、マイクやスピーカーの位置が変えられない場合はこの方法を試してみるとよいです。

● リバーブなどのエフェクトを下げる

リバーブやディレイといった音に響きを与えるエフェクトがあります。カラオケではエコーと呼ばれたりもして、歌声に響きを与えることで気持ちよく歌えたりします。エコーの量を調整するつまみがいじれるところもあったりしますよね。ライブではボーカル以外にも多くの楽器に施し、楽曲の世界観を演出する重要な機能です。

しかし響きを与える分、本来より多くの周波数成分が発生し、これがハウリングの原因になる場合があります。リバーブを全くオフにすることは許されない場合もありますので、許される範囲で少しずつ下げハウリングが防止できるポイントを探ってみましょう。

● 音量を下げる

これまでの方法をとっても対策しきれない場合は、根本解決としてマイクの音量を下げます。マイクの音量を下げると迫力が低下したり聴こえにくくなったりしますが、ハウリングしないぎりぎりのところを探り調整することは、比較的取り組みやすい対策のひとつです。

また、音は人の体や服によって吸収される性質も持っているので、人数が増えると音が届きにくくなり、知らずに音量を上げている場合があります。特に冬場は厚手の服を着ているためより音が吸収されやすかったりもします。

● その他

その他にも、マイクの種類を変える、部屋や会場にある備品の位置を変える、スピーカーの向きを変える、できる限りスピーカーから離れるなど、試せることはいろいろあります。冬場カラオケボックスで上着を脱ぎ壁際のハンガーにかけている場合も、ハウリングの具合を見ながら上着を即席の吸音材としてかける位置を調整すると、対策のひとつになり得るかもしれません。

ライブハウスであれカラオケボックスであれ、限られたハコの中という条件において音を出すので、そもそもハウリングしやすい環境であることは前提としてあります。そのため、適正な音量や人数を超えるとさらにハウリングしやすくなります。適性値の範囲においてこれらの方法を試してみてください。

信号レベルの種類

音を録音する際に気を付けることのひとつに信号レベルがあります。信号レベルは主にマイクを通じ録音するマイクレベルと、電子楽器などを録音するラインレベルに分かれます。これらは電圧レベルの違いのほか、インピーダンス(抵抗)や電流などにも関わってくるのですが、ここでは2つの種類の信号レベルがあるということを説明します。

⦿ マイクレベルとラインレベル

まずマイクを使って音を録音する仕組みを考えます。マイクには振動板といって、空気の振動をキャッチする薄い板のようなものが収音部に取り付けられています。この振動板が揺れることで音が発生する仕組みなのですが、ここで得られる音の量は非常に微弱なものです。試しにマイクで録った信号をそのままスピーカーで鳴らしてみても、ほとんど聴こえません。そのくらい弱い信号となります。そこで、マイクを使う場合は、プリアンプやゲイン、ヘッドアンプと呼ばれるマイク信号を増幅するための専用アンプを使います。

一方、キーボードや電子楽器などを録音する際の信号はラインレベルといって、マイクのそれよりもずっと大きい信号になります。電子ピアノやギター、ベースなんかをやっている方だとライン録りという言葉を聞いたことがあるかもしれません。ラインレベルであればそのままスピーカーで鳴らしても十分に聴くことができます。

イメージを持つため極端な例でいうと、マイクには電源がないので出力される信号も弱い／電子楽器は電源があって動くので十分に増幅された状態で出力されライン信号は大きい、くらいの違いがあります(実際には、専用電源が必要となるマイクも存在しますが、それはマイク自体の動作を達成するためで、ラインレベルまで上昇させるためではありません)。

そのため、入力側もマイクとラインそれぞれ別の受け口となっていることがあります。マイク信号をライン入力に入れると頑張ってゲインを持ち上げても大して増幅することができず、逆にライン信号をマイク入力に入れるとすぐ音が割れます。また、音質自体も本来の品質が損なわれたり、不要なノイズが乗ったり、機材に負担をかけたりしてしまうことがあるので、受け口が分かれている場合はそれぞれの信号専用の入力に入れることが必要になります。

信号の伝送

マイクレベルであれラインレベルであれ信号を機材間で伝えるためにはケーブルを使用するのが一般的です。そしてケーブルによる伝送手段にもいくつか種類があります。そのひとつがバランス、アンバランスの伝送方式です。簡単にいうと、どれだけノイズ対策ができるかの違いになります。電気学的な点でいえば、位相の仕組みを利用しノイズを少なくすることなどが挙げられますが、ここではもっとわかりやすく見た目的な面から違いを見ていきましょう。

従来電気はプラスからマイナスに流れると習った人も多いかと思います。細かくいうと、電流はプラスからマイナスへ、電子はマイナスからプラスへというような見解もあったりしますが、いずれにしてもプラスとマイナスの2つがあって信号が流れることは理解できると思います。つまり2本の線が必要です。

この最低限の構造になっているのがアンバランスです。構造もそんなに複雑ではなく、比較的安価であることから、自宅で気軽に使う場合など、距離が短くノイズが気になりにくい場合にはこれでも十分です。

しかし、業務用になると距離も伸びますし、周りにたくさんの機材があります。この状況で音を伝送すると、伝送中にノイズを拾ってしまうことがあります。そこで、2本の線を保護するように、3本目の線を用意しこれをノイズ用としてすべてのノイズを吸収させてしまえば2本の線は無傷でいることができます。この構造になっているのがバランスとなります。

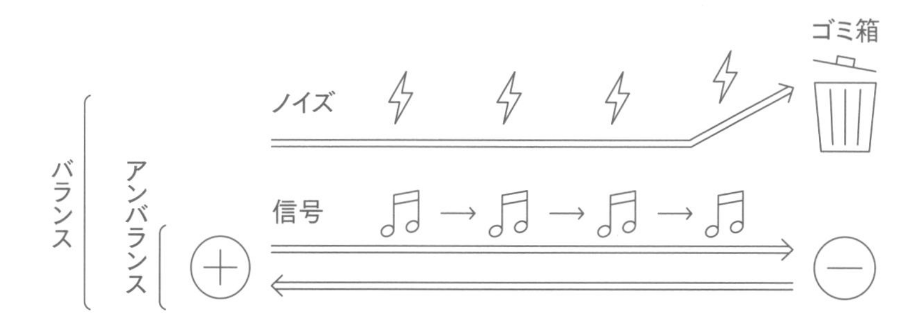

コネクターの種類

コネクターはハードウェアとケーブルを繋ぐ重要な役割を担います。信号を受け渡す際、できるだけ劣化や質の変化をさせないことが求められ、その対策がなされた仕組みが複数存在します。ここでは、さまざまな形状や特徴を持つコネクターの主な種類をピックアップして説明します。

また、ここでのプラスやマイナスをもう少し専門用語でいうと、ホット、コールドと呼んだりします。これは必ずしもプラスがホットで、マイナスがコールドということではないのですが、多くの場合この認識で作られています。

⦿ キャノンコネクター

業務用のマイクや音響機器同士を繋ぐ際によく使われるコネクターです。XLRコネクターと呼ばれたりもします。図のように3つの芯があり、それぞれホット、コールド、グラウンドになります。実はこの芯は、1番、2番というように番号分けされており（よく見ると穴やピンのそばに番号があります）、現代において比較的多く用いられているのが、1番がグラウンド、2番がホット、3番がコールドという順番です。一部、2番と3番が逆になっているものもあります。

すべての接続が合っているはずなのに音がうまく出ない、というときはこの順番が合っているもの同士を接続しているか、確認してみてください。

キャノンの場合、ホットをプラス、コールドをマイナス、グラウンドをアースとして綺麗な信号を伝送することができます。また、構造としてもしっかりしているので断線しにくくたっぷり信号を送ることができます。ただしその分高価になり、ケーブルが何十mにもなると重さもそれなりになります。

⊙ 標準コネクター

ギターやベースなどを弾いていた方はシールドケーブルとしてもお馴染みのコネクターです。フォーンと呼ばれたりもします。

この標準コネクターにはバランスとアンバランスが存在します。バランスの場合、ホット、コールド、グラウンドがそれぞれチップ(Tip)、リング(Ring)、スリーブ(Sleeve)という呼び方で役割を果たし、そのためTRSとも呼ばれたりします。キャノンのようにわかりやすく3芯がそれぞれ独立して存在するわけではなく、1本のコネクターを分割しそれぞれの間を絶縁体で仕切ることで3芯を達成しています。アンバランスの場合この仕切りが1つ減って、チップ、リング+スリーブという組み合わせになります。そのためTSとも呼ばれます。

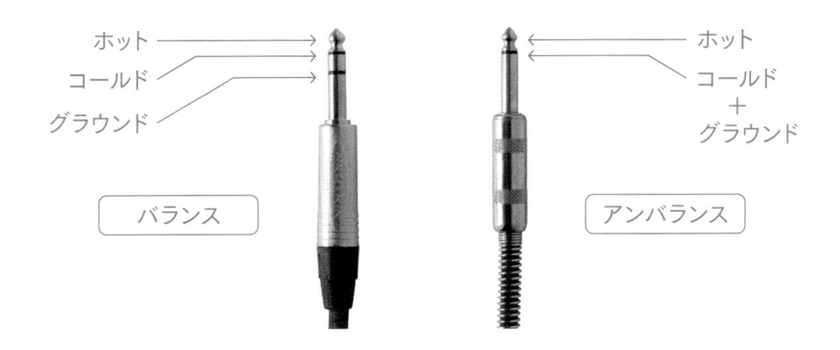

⊙ ピンコネクター

一般家庭に広く普及しているのがこのピンです。赤と白のケーブルでお馴染みで、RCAと呼ばれたりもします。一般的にはアンバランス構造で比較的低価格で入手することができます。用途も自宅などで短い距離で使用されることが多いためノイズの心配もそんなに深刻ではなく、費用対効果から広く手軽に使われています。

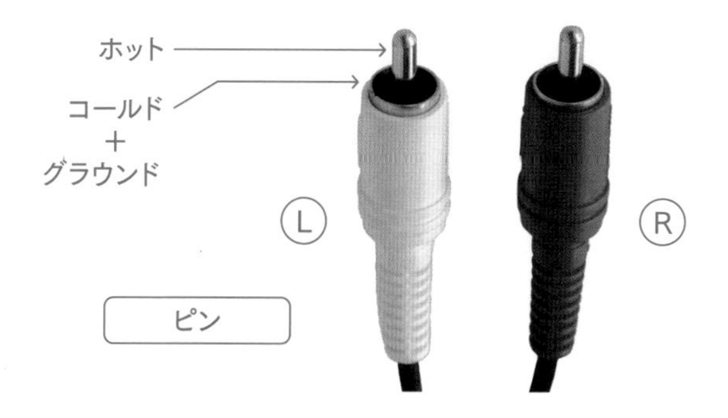

⦿ ミニコネクター

こちらはモノラルとステレオの2種類があります。イヤホンジャックとも呼ばれ、スマホやタブレット、パソコンなどにイヤホンやヘッドホンを繋ぐことでお馴染みの小さいコネクターです。見た目的には標準を小さくしたような形ですね。

これまでのコネクターはひとつの音を一本のケーブルで伝送することが多かったですが、ステレオミニの場合は一本でLch、Rch、2つの音を送る場合があります。そこで、チップをLch、リングをRch、その他をスリーブというように使うことで目的を達成します。こちらも比較的入手しやすく手軽に使えるため、一般用である場合が多いです。

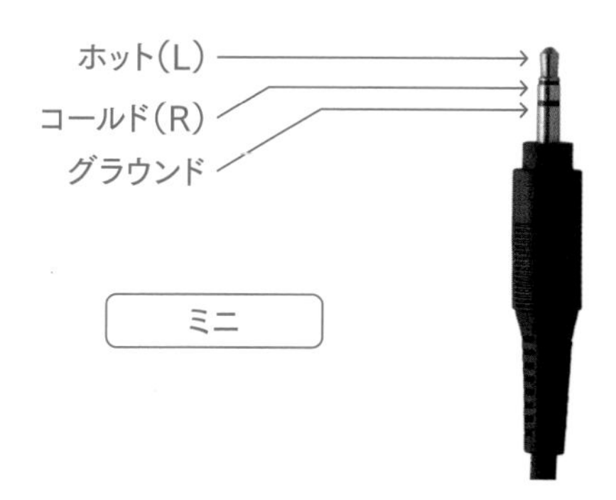

このようにコネクターひとつとってもいくつかの種類に分かれ、実際にはもっとたくさんの種類があります。そのため、買ったばかりの標準コネクターなのにうまく音が出ない、といった場合には、TRS用のコネクターにTSコネクターのケーブルを差し込んでないかといった確認をするのもひとつの解決策になるかもしれません。

音響信号処理

コンピュータを用いた音楽制作の場合、この音響信号の処理精度が重要になります。我々が聴く音は空気振動を用いたアナログ信号ですが、コンピュータはデジタル信号しか扱うことができません。そのため例えばマイクで収音したアナログ信号をコンピュータに録音する場合はその前にデジタル変換しなければなりません。逆にコンピュータに録音した音あるいはMIDIで打ち込んだ音はデジタル信号なので、これを聴くためにはアナログ信号に変換しなければなりません。

そこでその変換の仕組みを説明します。

まずアナログ信号を図で表すとこのような形です。

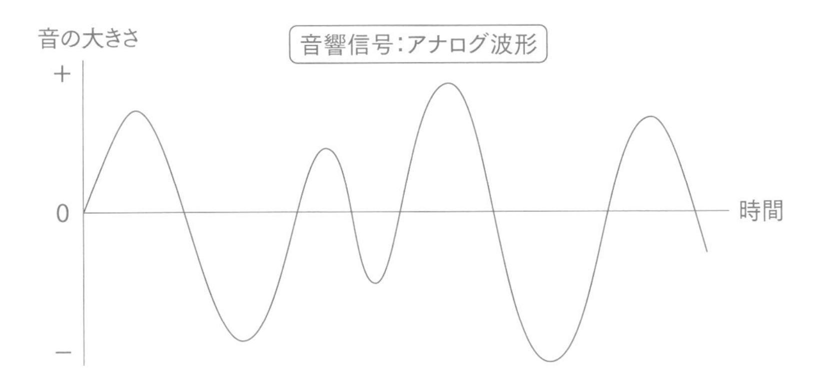

横軸を時間、縦軸を音の大きさとします。このように時間の経過と共に音の大きさが常に変化していきます。

一方、デジタル信号としてこれを表すには、まず前提としてデジタルはゼロかイチ、つまり無しか有りかで再現しなければなりません。そのためまずどの時間を有りとするかを選ぶ必要があります。

例えば次の図のように0秒を開始とし0.5秒と1.0秒を有りとするとします。この有りを選ぶ（抽出する）ことをサンプリングまたは標本化といいます。

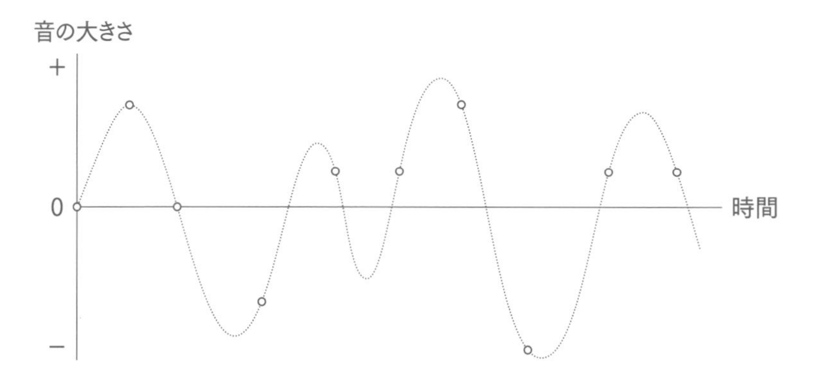

次にその選んだ3つの時間においてどのくらい音の大きさが鳴っているかを再現します。

あとは、この3つのポイントを連続して再生すれば元々のアナログ信号をデジタル信号として再現することになります。試しに元のアナログ信号とデジタル化した信号を重ねて見比べてみます。

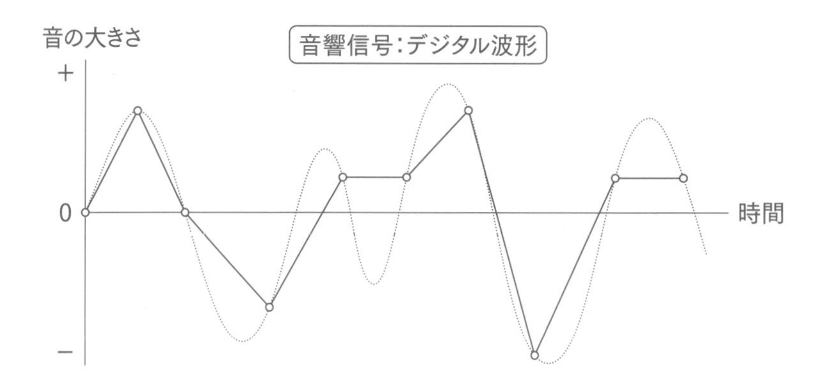

見比べるとずれているところが多いのがわかります。これでは元の音と変わり過ぎてしまい、音の再現としてはふさわしくありません。そのため、このサンプリング数をもっと増やし限りなくアナログ信号に近づける必要があります。

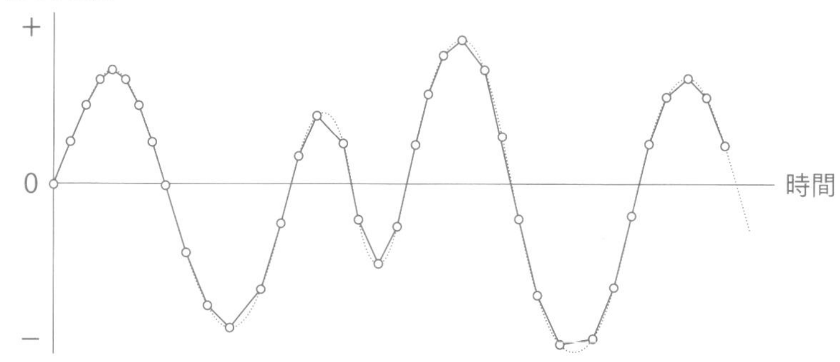

この数をサンプリング周波数といい、単位をHzで表します。例えばCDの場合44.1kHzなので、1秒間に44,100回有りを抽出していることになります。それくらい細分化すれば、ぱっと見アナログ信号と変わりない忠実な再現ができますね。

また、音の大きさも同様で細かくするほど再現精度は向上します。音の大きさの細かさを表す単位をビットといいます。CDでは16ビット（ビットデプス）です。これは16段階で再現しているわけではなく、2の16乗の細かさという意味になります。つまり65,536段階で再現するということです。こちらもこれだけ細かければ十分に思えますね。ちなみにこの音の大きさの再現を量子化と呼んだりします。

現在の音楽制作ではサンプリング周波数96kHzまたは192kHz、ビットを24ビットまたは32ビットで扱うことが多いので、より再現精度の高い状態で作られていることがわかると思います。また、サンプリング周波数は再生できる周波数帯の広さを、ビットは再生できる音の大きさの範囲（ダイナミックレンジ）を決める要素にもなります。

ただし、どんなに細かく再現しようとも各抽出ポイントの間には必ず空白が存在します。つまり1秒間に細かい音が何万回も再生されるため聴感上連続した音のように聴こえるだけで、実際は一回一回途切れた音ということです。一方アナログ信号はその空白がなく常に音が存在します。この仕組みの違いが、デジタルはノイズが少なく綺麗だが冷たく固い音、アナログはノイズが目立ち劣化しがちだが温かいく柔らかい音だ、などと言われる一因だったりします。

1-3 音楽制作の基礎

Basic of music production

1-3-1 制作フロー

音を作る工数を計るとき、その最大値となるのはやはり音楽制作でしょう。逆にこの工程を理解しておけば、作るのが映像や動画、Webやゲームの音であってもある程度対応することが可能です。また、共通する項目も多くあるため、ここでは音楽制作のフローを追っていきます。

音楽制作の工程を大きく分けると、「プリプロ」「レコーディング」「エディット」「ミックス」「マスタリング」という順番になります。

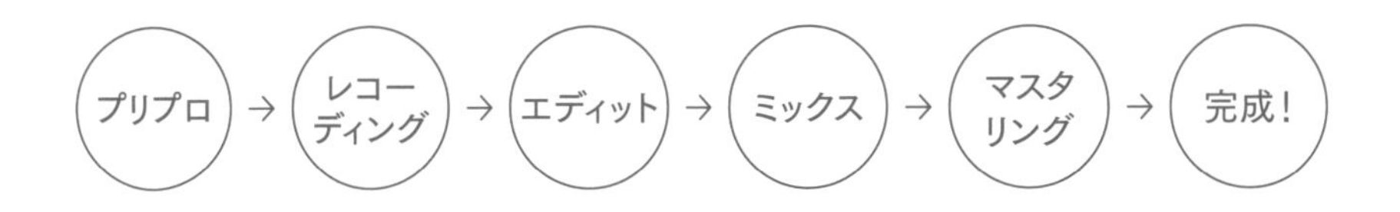

まずデモを作り、本番を実施、その後編集し、音をまとめ整えるという流れです。厳密にいうと、マスタリング後にオーサリングといってコンテンツを質良く流通させるためのテクニカルな作業もあります。特にスタジオ内で多くのパワーや時間、費用をかけるのが「レコーディング」、「エディット」、「ミックス」であり、本書で扱うメインの項目となります。

しかし、スタジオ作業を知らない方にとってはそれぞれの役割が理解しにくいと思うので、まずは作業工程の流れを解説します。

音楽制作を料理に例えると

まずどんな高級店でも出せる美味しいものを作ることを前提とします。それは、我々が作った音楽が、高級オーディオシステムで聴かれる場合もあるし、大きなドームやホールで爆音再生される場合もあって、どんな状況でも満足してもらえる品質を作る必要があるという意味です。

⊙ レコーディングは素材の調達

例えばカレー作りにたとえると、レコーディングが食材の調達にあたります。

仮に具材となる野菜を調達する場合、自分で野菜を作るのでも他者が作った野菜を購入するのでもよいのですが、良質な環境で育てられた鮮度や形や味が良いものが当然望ましいです。さらに顔が見える農家さんが育てたものだと安心だったりしますね。つまり品質の良い食材を調達しようということです。安いからといって望ましくない品質のものを使うと、その後どんな名シェフに依頼しても完成度が落ちてしまうのは容易に想像できるかと思います。そのくらい調達する音素材は大切です。

求める音を調達しやすい機材やツールのセレクトから、各種設定、マイキング、適正なレベル管理、録り漏れのないようレコーディングするコンピュータオペレーションなどなど、常に出音を確認しながら慎重に行う工程です。

⊙ エディットは下ごしらえ

次いで、皮をむいたり食べやすい大きさに切ったりするのがエディットです。

丁寧に下ごしらえすることで口当たりを良くしたり、固い柔らかいが混在しない均一した火の通り具合を達成したりと、こちらも美味しさを決める重要なフェーズとなります。綺麗な切り方だと見た目も良いですね。

音でいうと編集がこれにあたり、不要なノイズの除去、リズムやピッチの修正、楽曲の形を綺麗にする工程になります。このエディット以降がポストプロダクション（ポスプロ）になり、コンピュータを使った細かい作業になっていきます。

⊙ ミックスは煮込み作業

最後の煮込む工程がミックスです。

複数の食材を入れる順番や煮込んだり焼いたりする時間、調味料を入れる分量などによって最終的な味が決まる、最も重要なフェーズです。隠し味なんかを入れることもあれば、素材を活かす活かさないの判断もここでします。火にかけすぎると焦げ付くこともあり、音にも同じことがいえます。ドラム、ベース、ギターなど複数の音源を混ぜ合わせ、各々の役割や音の聴こえ方を最善のものにします。

ここで鳴っている音がおおよそ視聴者の聴く音になるわけですから、力の入れどころです。もっとも、今までの工程を含めすべてが完遂されて初めて質の高い音楽になるので、どれも手を抜くことはできません。

録音で失敗し編集やミックスで何とかお願いします、という話も聞きますし、その際は最善を尽くしますが、手落ちしてしまった部分のフォローには限界があるということも認識しておくと、よりイメージに近い完成品が作れるでしょう。

⊙ マスタリングは盛り付け

ちなみにマスタリングはお皿に盛る作業にたとえたりします。

ご飯とルーの配分だったり、盛った後にかけるスパイスだったり味の微調整です。これは見た目にも影響してきます。音では、最終的な音質や音圧の調整をはじめ、複数曲ある場合の各楽曲の音量感の統一だったり曲間に存在する無音の秒数設定だったり、音楽ファイルに付加する情報の入力などをしていきます。こうすることでお客様に商品として提供することができるようになります。

これで大まかな流れのイメージはついたかと思うので、各工程の実作業を細かく見ていきましょう。

プリプロダクション（プリプロ）

他のビジネス同様、多くの場合企画から始まりますが、これが固まってすぐに本番に挑むわけではありません。企画が決まるということはおおよそのゴールが見えるということですが、音は目に見えない分、慎重に進めていく必要があります。そのため、少しずつコンテンツを作っていくという流れになります。

この本番前の工程をプリプロダクション（以下、プリプロ）といいます。

具体的には、簡単なリズムパターンといくつかのうわもの〔ギターやピアノなど、リズム体となるドラムやベースの上で鳴る楽器をうわものと呼びます〕でオケを構成し、仮ボーカルを乗せます。場合によってはボーカロイドを使ったり、ピアノなどで主メロを奏でたりする代用方法もあります。時間や費用を抑えながら形を作っていき、都度関係者とその姿を確認していきます。デモコンテンツを作ることで、本当にその方向性で合っているのか皆が確認することができ、仮に間違っている場合はそのロスを最小限に抑え、すぐに方向転換することができます。制作者としても、作ってみて初めてわかる課題が見えてくることから、それらを修正し完成に向けて精度を高めていくことができます。

そして、ここで活躍するのがMIDI〔コンピュータ音源や電子楽器などを再生・制御するためのプログラム言語のひとつ。このMIDI規格でプログラムされた情報を読み音を再生

〔するものをMIDI音源と呼びます〕です。

なぜなら、すべての項目が未決定の段階で本番のミュージシャンやアーティストに演奏してもらい、そこから大幅な修正や変更があったとすると、再レコーディングが必要になるからです。スケジュールやコストも倍かかり効率が良いとはいえません。また、心情的にもせっかく作ったのに…という気持ちになってしまう可能性もあります。

MIDIの場合、各楽器の音を一人で作り込むことができますし、いつでもどこでも音を修正することができます。音のリアリティという面では劣る場合がありますが、プリプロ時点では音の質感や細かいパフォーマンスよりも全体の方向性や世界観の確認がプライオリティとして高いため、多少のリアリティの不足は割り切りながら作業を進めていきます。

レコーディング

プリプロで各関係者と確認が取れた後はいよいよ本番です。レコーディングといっても必ずしも何かを録音するということだけでなく、本書ではMIDIでの打ち込みもここに含みます。つまり音をゼロイチで生み出すフェーズです。

⦿ マイクやラインによる録音

録音場所やマイク、アウトボード〔コンプレッサーやプリアンプのほか、ミキサーやテープレコーダーなども含む意味でのハードウェア〕といった機材の選定、コンピュータやDAWの設定、そしてモニタリングの環境などを考える必要があります。いわゆる受け手側の設定です。発信された音源をできるだけ100％漏れなくマイクに取り込み、100％の純度でモニタリングすることで正確な音の判断ができるためです。

また、ミュージシャンやアーティストといった演奏者も音を聴きながらパフォーマンスするため、彼らの身の回りやモニタリング環境を考える必要もあります。こちらは送り手側の設定です。演奏者へ音を送ることを返しといいます。

演奏者が演奏に専念できる環境作りは出音に直接関わるため、疎かにすることはできません。セッティングが完了したら実際に自分でその場に立ってみて確認するとよいでしょう。レコーディング本番中は作業のリズムも大切です。機材の不具合や操作に戸惑ったりして一回一回作業が止まると、演奏者や周りのスタッフは待たされることになり集中するのが難しくなってしまいます。不安な要素は事前に確認しておき、本番は円滑な進行をすることが結局は良い音を録ることになります。

⦿ MIDIを使った打ち込み

本番でもMIDIを使う場合、録音に比べ、場所や機材、演奏者といったことはあまり考えなくてもよくなり、極端にいうとコンピュータが一台あれば事足りることもあるくらい気軽なのがわかりやすいメリットです。半面、どんな高級な機材を使ってもMIDI音源はあくまでシミュレートした音であるため、本物の音に比べるとリアリティが不足することがあります。そのため、予算やスケジュールを鑑みながら、どの音は録音しどの音は打ち込みでいくかを考えます。

そのプログラムにもよりますが一例を出すならば、楽曲の中でも比較的メインとなるボーカルやギターは生音で、リズム体やその他のうわものは打ち込みにする、という分け方があったりします。

また、MIDIを楽器の代用品として捉えるのではなく、全く別の楽器のひとつとして認識すると使用用途の幅が広がります。つまり、ほしい音有りきでそれを達成するためには生音がよいかMIDIがよいかを考えて決めましょう。

エディット

丁寧に録音した素材を綺麗に整える工程です。一音ずつ慎重に聴きながら細部にこだわっていきます。細かい波形編集やノイズの除去もこのフェーズです。一瞬で再生が終わるような短い音の編集に何時間もかかる場合もあります。

⦿ 音を綺麗にする

複数テイクを録った音の取捨選択、演奏前後に発生するノイズや不要な音の除去、不安定なリズムやピッチの補正などを行います。例えば、ボーカルのブレスはどの程度活かすか、演奏後の音の鳴り終わりをどこまで使うかを判断するのもこの工程です。また、テイク1とテイク2といった別素材を繋げた場合には、その境界のノイズを目立たなくする処理も必要です。

リズムやピッチにおいては、0.001秒単位で譜面通りに合わせることで完成度の高い楽曲を作り出しています。ただし、ここは必ずしもぴったり合わせることが正解といえない場合もあります。それは、多少の揺れやずれを活かすことが、その人らしいグルーヴを生み出すことにもなるからです。このように、コンテンツとしての綺麗さと演奏の上手さ、音楽としての迫力をバランス良く調整していきます。

⦿ 楽曲構成を修正する

場合によっては尺調〔楽曲や音源の再生時間を長くしたり短くしたりする編集作業のこと〕もあり得ます。これは、例えば当初8小節でレコーディングしていたAメロを、制作意図の変更により4小節に縮めなければならなくなった…といったケースです。

編集の前提として、音の編集ポイントの前後が自然に繋がるよう編集する必要があります。言い換えると、まるで編集してないかのように仕上げなければなりません。この8小節の例でいうならば、1、2、7、8小節の4小節分を使えば1小節目の前と8小節目の後ろは本来の繋がりを維持できます。あとは、2と7小節目の繋がりが自然であれば成立します。しかし、音は理論通りにいかないことが多々あるので、その場合は、小節単位でなく拍単位で調整したり別の繋げられる箇所を探したりします。

これらの修正に波形編集で対応できることもありますが、演奏方法の違いや楽曲構成、歌詞の意味などからどうしても修正できないこともあります。その場合は別の方法を試したり、別の演出方法を考えたりする必要があります。それでも難しければ、録り直したほうが結果的に早くて正確かもしれません。当然、再レコーディングのデメリットはありますが、できないことをいくら頑張っても成果は出ないので、どこかで判断し次にいくのも手でしょう。

このことから、エディットは良いものをさらに良くするためのフェーズであることを前提にしたほうがよいです。次いでミスをフォローする最終手段というくらいです。MIDIの場合は、そもそもノイズが少なく打ち込んだ通りの音が得られるため、録音した音源に比べエディット要素は少なくなります。

ミックス（ミックスダウン）

綺麗に整えられた複数の音を混ぜ合わせる工程です。複数のトラックを扱うことからトラックダウンともいいます。また、映像や動画ではロケやスタジオ、コンピュータで作られた効果音などさまざまな種類の音を扱うためMA（Multi Audio）と呼んだりします。いずれも複数の音を調整する後半の工程となります。

⦿ 音の品質向上

仮に、ベース、ギター、ボーカルといった個別の音源が3つあったとします。

一方で、一般的に音楽を聴く環境はスピーカーが2個配置されたステレオ(2Mix)である場合が多いです。これら3つの音を、それぞれ右から出すか左から出すか真ん中から出すかという演出の設定、各音源の音量を1:1:1で出すのか2:1:1で出すのかのバランスの設定、そしてそれらを混ぜたとき音がこもったり割れていたりしないかの音質の調整があります。これら一つひとつを細かくチェックし、最終形としての音を作り出すのがミックスです。

◉ 判断基準は耳

ここで必要なのは視聴者としての耳です。

昨今のDAW〔デジタルオーディオワークステーション。コンピュータを使って音を扱うためのシステムの呼称〕ではさまざまなメーターが存在し視覚的にもわかりやすくなっていますが、視聴者はこれらのメーターはほとんど見ません(見られません)。再生される音がすべてなので、あまりメーターに左右されず耳で最終判断しましょう。

ミックスでは技術も必要ですが、その技術をどう使うかを判断する耳が重要になります。しかし制作しているとどうしても制作者の耳になってしまいがちです。どういうことかというと、通常、音源を聴く視聴者は、レコーディング時の事情をほとんど知らされず、新曲の場合は初めて聴く音になります。つまり、比較的先入観のないフラットな耳で音を聴きます。しかし、制作者はレコーディング時の楽しかったことや大変だったことを知っていますし、エディットで補正する前のミステイクの音も聴いているので、いろいろな思いが音を通して頭を過ります。

さらにビジネスによっては、ボーカルの音を強くしてほしいとか、ギターの音は透き通るようにとか、さまざまな要望も受けます。そうして先入観がある状態で音を聴いてしまいがちになります。どうしても意識した特定の音に耳がフォーカスしてしまうのです。

また、もともと人はカクテルパーティ効果といって、複数の音が鳴っている中でも意識を向けた音だけが強く聴こえるという性質を持っていたりします。このように、制作時の感情、ビジネス上の要望、人間としての性質、そして個人的な好みや感覚、これが入り交じった状態で長時間音を聴くわけです。意識していなくてもアンバランスな耳の状態になりやすいので、正確なモニタリングができなくなったと感じたら少し耳を戻してあげましょう。

5分でも休憩を入れたり、少しだけ別の作業をしたり、違うスピーカーで音を聴いてみたり、音量を変えてみたり、人とコミュニケーションをとったりと、何か一つ変化をつけるだけで幾分かフラットな耳の状態に戻すことができます。

マスタリング

制作の最終となる工程で、ここで出来上がったものがマスター音源となります。

音の最終調整という面では一見ミックスに似ています。しかし、ミックスがトラックを個別にコントロールできるのに対し、マスタリングは音源が2Mixにまとめられているので、個別調整はできません。つまり2Mixという商品の形になった後で行う最終的な調整がこのマスタリングになります。そのため、マスタリングは良いミックスができているという前提で行うものになります。

⦿ 最終的な音の完成

ミックス完了時点ですでに制作側の意図が反映された音源になっているわけですが、例えば楽曲の中身は素晴らしいのに、他の音源と比べて音量が小さいとか音が薄いといった理由で目立たないのはもったいないですね。もちろんそれが差別化としてうまく機能することもありますが、特に商業コンテンツの場合やはり迫力があって目立ったほうが売れやすくなります。

そこで、楽曲のパフォーマンスを担保しながらなるべく際立つ音にすべく音質と音圧のバランスを調整します。仮に音圧を上げすぎると音は割れますし、せっかく個別で調整した各音のバランスも崩れます。しかし迫力は出したい、という希望を達成するために、両者の最大公約数を見つけ調整するのがマスタリングです。これにより、音質がより強固でしかも音量感も増すといった、商業に耐えうるコンテンツに仕上がります。

⦿ マスター音源としての完成

その他にも視聴者が再生ボタンを押してから楽曲が鳴り出すまでの時間や、曲が終わってから次の曲になるまでの時間といった細かい演出面も調整しますし、複数曲が並ぶ場合には各楽曲の音量感を統一します。アルバムを買ったのに曲ごとに音量が違い、視聴者側で毎回調整しなければいけない、なんてことはできないですからね。さらに音楽ビジネスとして必要なコードや楽曲情報も正確に入力し、いわゆるマスターが出来上がります。

なお映像・動画に統合される音の場合、音楽のように音単独で曲間調整したり、メタデータを入力したりということはほとんど発生しません。その他の音圧調整といったマスタリング要素の一部はMA時に込みで作業することが多いです。

1-3-2 人（役割）

制作の流れを追ってきましたが、音を生み出す仕事には多くの人が関わります。一般的なビジネスを想像しても、企画、開発、営業、販売、宣伝、会計、法務など必要な役割は多岐にわたりますが、制作というひとつのカテゴリーをピックアップしただけでも複数の役割が存在します。

ここでは、音楽制作におけるレコーディングスタジオ内に存在する人を紹介します。人がいるということはそれだけ果たすべき役割（仕事）があるわけで、どの程度音に関するクリエイティブを果せばよいかの参考になればと思います。なお、ここでの紹介はあくまで一例であり必ずしもすべてに当てはまるわけではありません。前述のように音楽制作は決まったフォーマットがあるわけではないので、プログラム〔その日に行う実作業のこと。アーティストによって、もしくは楽曲によって、求められる音も制作工程も都度違うので、例えば「明日のプログラムは？」「明日は○○アーティストのボーカル録りです」のように言います〕によって変わります。

アーティスト

ミュージシャンや演奏家などいくつか呼び方はありますが、実際に音を奏でる役割です。多くの場合、プログラムの主人公になる存在であり、できる限りのベストパフォーマンスをすることが求められます。

スタジオ内には各スタッフがおり、皆に注目された中、限られた時間内に各所から求められる最大のパフォーマンスをすることは大変ですし、緊張することだと思います。しかし、その音が一生残るかもしれないわけで、妥協は許されません。また、スタジオではあくまで本番としてのパフォーマンスが求められるため、多忙な毎日の中においても、歌詞やメロディを覚え、もしくは演奏の練習を繰り返し行ってからレコーディングに挑まなければなりません。その重責は主人公だからこそです。

プロデューサー

音楽ビジネスの総責任者です。企画から戦略、予算、スタッフィング、PRまでオールマイティに動きます。役割が広い分、制作の細かいところに介入することは実はあまりない立場です。しかし、出来上がったコンテンツは当然聴きますし、最終的なOK・NGの判断をするのはやはりプロデューサーです。レコード会社のスタッフでもある場合も多く、ビジネス全体を俯瞰します。

たまに「〇〇プロデュース」のようにクレジットされ、スタジオ内に常に居て制作の中心になっている人もいますが、その場合は後述のディレクションや作家としての機能を兼任しているのが実態だったりします。

ディレクター

制作における責任者です。特にスタジオ内ではディレクターが指揮および判断をします。映画でいえば監督にあたる役割です。レコーディングを円滑に進行しパフォーマンスの良し悪しを判断したり、演奏者に指示や注文を出したり、エディットやミックスを経たコンテンツのOK・NGを都度判断します。また、そのためのスタジオやアーティスト、関係スタッフのブッキングや予算管理、スケジューリングといった調整も仕事に含まれます。

作曲家・編曲家

作詞家や作曲家、編曲家を作家と呼ぶこともあります。先にいうと作詞家がスタジオにいるケースはあまりありません。作曲だけをする人がスタジオを使うことも最近では減っています。作詞だけ作曲だけをするのであれば自宅やスタジオの外でもできるため、わざわざ値段の高いスタジオで作業する必要がないからです。

そのためスタジオにいる作家は、作曲と編曲の両方を担う場合が多く、作った曲を皆で聴きながら必要に応じてその場で修正したりします。役割からもわかる通り、現代の音楽制作では作曲と編曲の両方を意識しながら制作するケースがほとんどです。

エンジニア

コンピュータや機材、技術、知識を駆使して皆が求める音を作り出す役割です。レコーディングでは実際に録音するだけでなく、マイクやアウトボードの機材を選定したりモニタリング環境を整えたり、エディットやミックスでは各所からの要望を踏まえて細かい出音の調整をしたりする、音の責任者です。役割上、一番たくさん音を聴く立場でもあるので、依頼された音を作るだけでなく、皆が気付かないほんのちょっとしたノイズや音の違いも見つけて対処する必要があります。

また、別途アシスタントエンジニアがいる場合もあり、レコーディング進行を円滑にするため、本番前の清掃や機材セッティング、本番中のオペレーション補助、各スタッフのフォロー、その他雑用全般など広く動き回ります。

マネージャー

アーティストのマネジメントを担う立場です。スタジオへの送迎だけでなく、当日アーティストがパフォーマンスに専念できるよう身の回りの環境を整え、当日までにアーティストがやっておくべきことを把握し、スケジュールの管理などを行います。また一番アーティストの近くにいて、思考や性格、得意不得意を知っている存在なので、各スタッフとのコミュニケーションのハブになることもあります。言っている意味を噛み砕いたり、できるできないを代弁したりします。

一方でアーティストもスタッフも割と顔なじみで要件がわかっているレコーディングの場合は、本番が始まったことを見届け次第、外に出て別の営業活動を行い、レコーディングが終了する頃にタイミングを合わせて戻ってくることもあります。

他にもスタジオにいる人（役割）はさまざま

常にいるわけではありませんが、CMや作品タイアップの場合は、その作品の監督や代理店スタッフがいる場合もあります。また、演奏者をブッキングするインペグや機材や楽器を管理するローディ、そのスタジオの営業やブッキングスタッフが一時的に出入りしたりする場合もあります。

常時いるスタッフを中心に、これらの人間が広くないスタジオに夜通し缶詰になったりするので、各自の作業に没頭しつつ常に相手を意識したコミュニケーションをとることが絶対に欠かせません。また、それぞれが決まった役割を果たしながらもより円滑な進行を達成するために、作家が出音を判断したり、ディレクターがエディットを手伝ったり、エンジニアが歌唱指導したりと、お互いを助け合うことがあります。

1-3-3　物（機材・ツール）

ここでは機材やソフトウェアといったツールについて説明します。制作の現場ではさまざまな機材やツールを使い、時にはその組み合わせにこだわることで音の品質を高めています。

近年ではスタジオクオリティに近いものが個人でも入手できますが、スタジオにあるものと同じ機材を使ったからといって、必ずしも同じ品質の音ができるわけではありません。機材やツールは音を作るための手段のひとつであり、それをどう使いこなすかのほうがはるかに重要だからです。

例えば、業務仕様のスチルカメラを購入した場合、細かい設定がマニュアルで操作できるため、オートでは達成しにくい業務レベルの高い品質の写真が撮れます。しかし、この設定を少しでも間違えると、オートで撮るより質の低い写真になることがあります。またこの設定に一定の決まりはなく、被写体や状況によって変わるので、数値を覚えるのではなく目指す写真や機材の使い方の本質を知る必要があります。

音でも同様のことがいえ、業務用であるほど少しの設定の違いがダイレクトに音の品質に関わってくるので、どういう考えで音や機材を扱うかが重要です。やや高度な操作になる場合は、あえてその機能を使わないほうが最低限の質が担保できることもあるのです。このように、物は自身の知識や技術に合わせて使いこなす必要があり、それを遂行するための感覚や勇気を持つことがとても大切です。

スタジオ

レコーディングスタジオと呼ばれ、音を扱うための専用の空間です。ブースと呼ばれる音を演奏する部屋と、コントロールルームと呼ばれる機材やスピーカーが配置された操作するための部屋に分かれます。

いずれも音を最良の状態で再現するため、防音や遮音、吸音等の処理が施されています。外部の騒音が混入しないようするだけでなく、音の不要な反射を防いだり、必要な音が逃げないようにしたりと、音を最優先に考えられた特別な造りの空間になっています。そこに業務レベルの機材や備品が所狭しと並んでいるわけですが、これらは音の鳴りを考慮し設置されています。そのため1時間数万円と高い使用料がかかりますが、それだけのメリットは確実にあります。
しかし、スタジオがなければ音は作れないかというとそんなこともなく、予算や求めるクオリティによって場所を使い分けることができます。例えば、プリプロや外部ノイズの影響を受けにくいライン録りは自宅で、ボーカル録りやラフミックスはリハスタで行い、最後のミックスだけ商業スタジオで行うというような使い分けです。
もちろんコンピュータを駆使してすべて自宅で完結させることも有り得ますし、選択肢はさまざまです。自宅でレコーディングする場合は、物の配置を調整したり、カーテンや布団、リフレクションフィルターやアンビエントルームフィルターと呼ばれるノイズを軽減する機材などを用いたりすることで、音の品質を上げることができます。

DAW

デジタルオーディオワークステーションと呼ばれ、コンピュータを使って音を自由に扱うためのシステムです。昨今では音楽制作用ソフトウェアそのもののことを指していたりもしますが、本来はコンピュータとソフトそして外部機器を総称した仕組みのことをいいます。
ソフトウェア単体でいえばシーケンサーと呼ばれる音の打ち込みや再生、録音を行う専用のものもあるのですが、これらは外部機器や他のコンピュータと連動しさまざまな音のパフォーマンス機能を兼ね備えていることから、DAWと総称した呼び方をされることが多くなっています。
フェーダーやつまみがたくさんついているスタジオでよく見る大きいミキシングコンソールもコンピュータを内蔵しており、他のコンピュータと連動します。また、個人で持つコンピュータであっても、外部機材の機能を一部持ち合わせていたりします。程度の違いはあっても、音を扱うために必要な機能を複合的に持ち合わせた制作環境が一般に普及しているといえるでしょう。
ではここからは各アイテム別に機材を見ていきます。

説明をする前に、音の流れを用いてシステム全体を把握します。

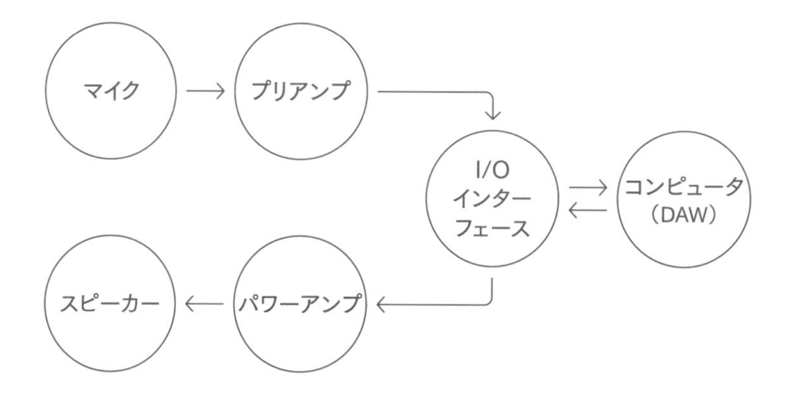

音の入口であるマイクで音を収音し、プリアンプまたはゲイン、ヘッドアンプと呼ばれるアンプで信号を増幅します。そして、I/Oインターフェースで信号を変換しコンピュータに音を記録します。ここまでが録音です。その後録った音を聴くために、再びI/Oインターフェースで信号変換し、パワーアンプで信号を増幅しスピーカーを鳴らすという流れです。

マイク

例えばカメラレンズにはいろいろな種類がありそれぞれ得意不得意があるように、マイクにもいろいろな種類や特徴があります。つまりそれだけ多様な音が存在し、マイクを使い分けることで対応していくということです。

制作で比較的多く用いられるものには大きく2種類のマイクがあります。

◉ ダイナミックマイク

ひとつ目がダイナミックマイクです。

皆さんはフレミング左手の法則を覚えていますでしょうか？　電（でん）・磁（じ）・力（りょく）と覚えた方もいると思います。電流と磁場（磁力）と力の関係を表す法則です。ダイナミックマイクはこの仕組みを利用しています。収音部には磁石が設けられているため磁場が発生しており、そこに振動板が設置されています。この振動板に音波という力が加わると電流が発生する仕組みです。この電流が音の信号です。

このように特別な電源を必要とせず比較的シンプルな構造であることから、頑丈で衝撃にも強く大きな音にも耐えやすいのが特徴です。レコーディングでは衝撃の大きいドラムのキックやスネア、ギターやベースアンプの音を録るときに使われたりします。また、ライブや屋外で使われる機会も非常に多いマイクです。

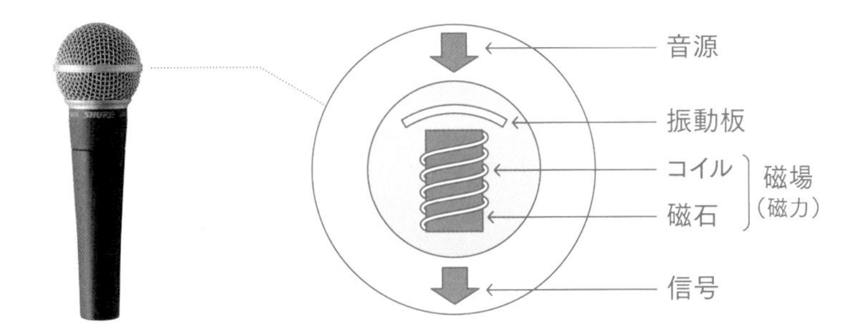

⦿ コンデンサーマイク

2つ目がコンデンサーマイクです。

収音部には2枚の薄い板が設置されており、1枚は固定されもう1枚は振動板として動くようになっています。そして、両板間には電荷と呼ばれる電気の粒のようなものが存在します。この2枚の板が近づいたり離れたりする距離の変化によって電荷の量が変わり、その変化を信号として出力します。

そのため専用の電源が必要となります。一般的には48Vのファンタム電源と呼ばれるものが使われます。コンデンサーマイクには電源用の専用コネクターがあるわけではなく、ケーブルを通してファンタム電源を供給します。プリアンプやミキシングコンソール、I/Oインターフェースなどに「+48V」や「PHANTOM」と書かれているボタンがあるのはこのためです。

ダイナミックマイクに比べ高い感度で録音できるため、ボーカルやアコースティックギター、ドラムのシンバルに使われたりします。半面、衝撃には弱いので扱いに注意が必要です。

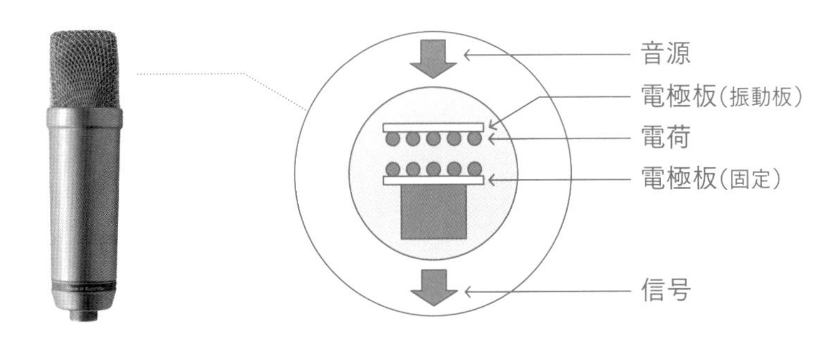

⦿ マイクの指向性

マイクには構造の違い以外に指向性と呼ばれる特徴を持っています。指向性とは音を拾う範囲のことをいい、それぞれ収音が得意な範囲、不得意な範囲があります。いくつか代表的なものを説明します。

● 全指向性（無指向性）

まずすべての範囲の収音が得意な性質のことを全指向性または無指向性といいます。会議や討論会の際テーブルの中央に置いたり、ライブステージ全体の音を録りたい場合に使います。半面、ボーカルだけギターだけといったように特定の音を録る際にこれを使うと、不要な周りの音も混入してしまうため、あくまで広い範囲を対象とするときに有効です。

● 単一指向性

特定の方向の音だけを狙いたい場合に使うのが単一指向性のマイクです。全指向性とは違い定めた範囲の音だけを収音するため、それ以外の音の混入は極力減らすことができます。ボーカルやコーラス、ギターアンプといった楽器単体を狙う場合は基本的に単一指向性です。ライブやTV番組で使われるハンドマイクやレコーディングで使われるマイクの多くはこの性質です。

● 超指向性

その範囲をより限定したのが超指向性のマイクです。マイクを向けたほとんどその正面の範囲のみ収音が可能です。屋外のロケ収録などで使われるガンマイクが代表例で、車や風、通行人の足音といった多くの音が存在する中で、狙った役者の声だけを狙う場合に有効です。ただし、狙う角度が少しでもずれると本来必要とする音自体も録り逃してしまうので、しっかりモニタリングしながらマイクを向ける必要があります。

● 双指向性

また、正面と背面の範囲を得意とするものが双指向性のマイクです。単一指向性に比べると使う機会はあまり多くありませんが、例えば面と向かった対談の際やステージと客席の両方を同時に狙いたいときなど、音源が前後に存在する場合に有効です。

アンプ

音を増幅する役割の機材にアンプがあります。このアンプには大きく2種類あり、マイクなど微弱な信号を増幅するためのプリアンプ、ゲイン、ヘッドアンプと呼ばれるものと、スピーカーを鳴らすためのパワーアンプに分かれます。両者とも信号を増幅させることが役割ですが目的が異なります。

前述のようにマイクで得られた微弱な信号をそのままコンピュータに入力してもほとんどメーターは振れません。そこで、コンピュータやその他の機器が適切に認識できるまで増幅する必要があり、この役割を担うのがプリアンプです。

一方、パワーアンプはスピーカーを鳴らすためのアンプです。事前に増幅されたラインレベルの信号が送られてきて、これをスピーカーで聴くことができるよう増幅します。パワーアンプは、大きいコンサートホールなどで鳴らす場合は別ですが、自宅や小さい部屋で鳴らす程度であれば、そこまでパワーのあるものを選ぶ必要はないでしょう。

I/Oインターフェイス（オーディオインターフェース）

マイクに入力またはスピーカーから出力される音はアナログ信号です。一方、コンピュータはデジタル信号しか扱うことができません。そのため、デジタルツールを用いた音楽制作では、アナログ信号とデジタル信号とを変換しなければなりません。この役割を担うのがI/Oインターフェースです。オーディオインターフェースとも呼ばれます。

マイクに入力されプリアンプで増幅されたアナログ信号を、I/Oインターフェースでデジタル信号に変換しコンピュータに録音します。このようにアナログからデジタルに変換することをA/D変換と呼びます。次いで、録った音を聴くために、録音したデジタル信号をアナログ信号に変換し、パワーアンプで増幅してスピーカーを鳴らします。このようにデジタルからアナログに変換することをD/A変換と呼びます。

音の信号そのものを変換するのでその精度は非常に重要で、現代の音楽制作では欠かせない存在です。これは音楽制作に限らずコンピュータで気軽に音楽を再生し楽しむという身近な場面でも使われる機能なのですが、マイクやスピーカーと比べ認知度が低い傾向にあります。なぜなら我々が普段何気なく使っているコンピュータの中にこの機能が備わっているからです。そのため、何も用意しなくともコンピュータ本体に内蔵されたスピーカーあるいはイヤホンジャックに繋ぐだけで音楽を楽しむことができています。

しかし、音にこだわる音楽制作ではコンピュータに内蔵された機能では足りないことがあります。それは、コンピュータの中という限られた空間に抑えられたコストで設置されたI/Oインターフェースは音質もそれに比例することが多く、人に聴かせる音楽を作るうえでは十分な品質を担保できないためです。そのため、マスター音源を制作する音楽制作では、機能を十分に果たすためのI/Oインターフェースを単独で用意しています。現代ではここにプリアンプ機能などが搭載されたものもあります。

スピーカー

音響システムの最終出口がスピーカーです。実際に我々が聴く音波を直接出力する役割であるため、こちらも非常に重要な機材です。スピーカーも大きく2つの種類に分けることができます。

ひとつが音楽や映像・動画作品を視聴する際に使うリスニング用スピーカーです。テレビやパソコン、その他一般的に多く普及しているのはこのタイプで、家電量販店やネットショップなどをみても一番多く置かれています。聴くことを重視しているので長時間聴いても耳が疲れなかったり、より音に迫力を持たせるために低音や高音が強調されていたりし、聴きやすくまた楽しんで聴くことができる設計になっています。

もうひとつがモニター用スピーカーです。制作で使われるのがこのタイプです。モニタースピーカーやモニターと呼んだりもします。これは端的にいえば入力された音をそのまま出力するスピーカーです。リスニング用と違い耳の疲れを考慮したり聴きやすさや迫力のための色付けはしません。そのため、これで音楽や作品を聴くと物足りなく聴こえるかもしれません。しかし、制作においてはかっこいい音はかっこよく、かっこ悪い音はかっこ悪く出力してくれないと正確な判断ができません。モニター用スピーカーは、レコーディングスタジオなど音の制作をする限られた場所にしか設置されていませんが、昨今は家電量販店やネットショップなどで一部販売されているものもあります。

ちなみにスタジオには複数のスピーカーが設置されていることがあります。壁にはめ込まれた大きなラージスピーカー、卓上に置かれたスモールスピーカー、脇に置かれたミニスピーカーやラジカセ、そしてヘッドホン…。スタジオによってはさらにたくさんのスピーカーが設置されているでしょう。それは、各スピーカーによって再生を得意とする周波数が違うので、例えば低音の細部を確認したい場合はラージで、全体感を確認したい場合はスモールで、最も一般視聴者に近い状態の音を聴きたい場合はミニスピーカーで、細かい音を確認したい場合はヘッドホンでというように使い分けるためです。

また、いろいろなタイプのスピーカーで聴くということはいろいろな環境で聴かれることのシミュレーションにもなります。このスピーカーではかっこよく聴こえるのに、こっちではいまいちだというわけにはいきません。どのスピーカーでも良い音になるよう作り上げるのが、制作時のゴール基準のひとつです。

視聴者は部屋で、外で、イベント会場で、またはWeb上でとさまざまな環境で音楽を聴きます。テレビで流れる可能性があるのに一度もテレビと同じ規模のスピーカーで確認したことがなかったり、ライブ会場で流すかもしれないのに大音量で確認したことが一度もないまま納品するのはちょっと危険ですよね。音は音量や環境が変わると聴こえ方も変わるので、できるだけ想定される環境と同じまたは近い環境で確認し完パケたほうがよいということです。

自宅または個人で制作する際も、パソコン用のスモールスピーカーとヘッドホン（またはイヤホン）の最低2種類は揃えておくとよいでしょう。

1-3-4 モニタリング環境

モニタリング環境とは音を聴く環境のことです。わかりやすいところだとスピーカーから出る音の調子のことになりますが、この出音自体だけが良くても整ったモニタリング環境とはいえません。音が我々の耳に届くまでの間には空間が存在します。その間に逃げてしまう音や反射で増幅される音も存在します。そうすると音の正確性が徐々に損なわれてしまうので、出音をできるだけ増減のない状態で聴けるようにするのが、望ましい環境といえます。

スピーカーとアンプの関係性

スピーカーはパワーアンプがあって十分なパフォーマンスを発揮するので、両者の関係性は重要です。

例えば、100を出力するスピーカーに200出力できるパワーアンプを接続したら音は割れます。もちろんパワーアンプのボリュームを減衰させることでパワーを合わせることはできますが、これではパワーアンプで半減された音をスピーカーで鳴らしていることになります。元の音を純度100％で鳴らしていることにはなりません。一方、100を出力するスピーカーに50出力できるパワーアンプを接続すれば音は割れません。しかし、スピーカーのパフォーマンスを半分しか発揮できないことになるので、これも最適とは言い難いです。

つまり、100のパワーを100で鳴らせる関係性が最も望ましいということです。ここで出てくるのがスピーカーやアンプの出力を示すW（ワット）やΩ（オーム）です。できるだけパワーアンプとスピーカーが同じ値または近い値であるものを選び、接続します。実際、全く同じ値にするのは難しい場合もありますので、なるべく近い状態で選んでみましょう。

また、アンプ内蔵のスピーカーであればこのパワーバランスが整っているので、これを選ぶのも有効な手段のひとつです。ちなみにアンプ内蔵のスピーカーをアクティブモニター（アクティブスピーカー）やパワードモニター（パワードスピーカー）と呼んだりします。一方、アンプを内蔵していないスピーカーをパッシブモニター（パッシブスピーカー）と呼んだりします。この場合、各値を気にする必要がありますが、各機材の音のキャラクターを選び組み合わせることができるメリットがあります。

リスニングポイント

リスニングポイントとはスピーカーから出る音を聴く位置のことです。

例えば右側のスピーカーの正面で音を聴けば左側の音は聴こえにくくなりますし、スピーカーの前にものがあればやはり聴こえにくくなります。このように、適切なリスニングポイントと機材や環境との関係性が正確なモニタリングを達成する要素となります。そこで、以下のポイントに配慮し環境を構築するとより正確な音を聴くことができます。

● リスニングポイントとスピーカー2点の位置が正三角形（または二等辺三角形）になること

2つのスピーカーを無駄に離しすぎたり、近づけすぎたりせず、スピーカーとリスニングポイントの距離とおおよそ同じくらいの間隔で設置します。

● リスニングポイントとスピーカー間に障害物がないこと

スピーカーとリスニングポイントとの間はもちろんのこと、2つのスピーカーの間にも極力ものを置かないほうが望ましいです。

● リスニングポイントやスピーカーの周りに適度な空間がある（壁に寄りすぎない）こと

音は四方八方に発生し距離と共に減衰します。あまりにも壁に近すぎると、例えば回折した音が減衰する前に大量に反射し、正面から出ている音に混ざって特定の周波数が増減された状態で耳に届いてしまいます。特に部屋の角だったりするとその反射成分がさらに多くなるため、ますます元音とは違う出音になってしまうことがあります。

この現象はスタジオでも起きる場合があり、低音が2つのスピーカーの間に溜まりやすくなったりすることがあります。この場合、スピーカーの設置場所を少しずらすか、それが難しい場合は、布や毛布をスピーカーの間に置いて低音を吸わせて対策したりします。

● 耳の高さとスピーカーの高さがおおよそ同じになること

特に高音は直線的に進みやすいため、耳の高さと著しく違うと本来の高音を聴きとることが難しくなります。試しにスピーカーの位置を固定し、立った時と座った時で音の聴こえ方がどんなふうに変わるか比べるとわかりやすいです。座って作業することが多い場合は、座った状態で耳の高さになるよう配置してみるとよいです。

● スピーカーに不要な振動が伝わらないこと

スピーカーは振動面を振動させることで音を鳴らしています。特に低音ではそれが顕著で、つまりスピーカーは常に細かく揺れています。その際、例えば土台が軟弱だと振動面の揺れでスピーカー本体も揺れ、お互いの動きで振動を打ち消し合ったりしてしまう場合があります。こうなると、本来出ているはずの低音が出にくくなりします。そのため、スピーカーは振動が起きにくい場所に置きましょう。人によってはスピーカースタンドを使ったり、防音ゴムやインシュレーターをスピーカーの底面に設置していたりします。

● 不要な音の反射がない部屋構造であること

これはスピーカーの設置場所というより部屋自体の構造になるので、自宅では難しい場合があります。部屋全体を防音処理することは費用も住宅事情も関係してくるので、例えば生活備品の配置を変えたり、スピーカーの周りを布やカーテンで覆うだけでも簡易的な処置ができます。また、部屋の扉やクローゼットが開いていると、そこから音が逃げたり反射成分が変わったりもするので、閉じておくとよいです。

このように、リスニングポイントひとつとってもいろいろな要素があります。自宅などでこれらすべてを実行することは難しい場合もありますが、可能な範囲でひとつずつ試してみるとよいでしょう。

Chapter. 2

BGM制作

BGMは映像や動画だけでなくWebやゲームのほか、店内やイベント会場など実にさまざまな媒体・場所・用途で使用されます。また、映像や動画の中ではBGMに限らず主題歌や挿入歌、オープニングテーマといった音楽そのものが多様なシーンで必要とされます。その際、常に市販の楽曲が使えるとは限らず、また、すでにある楽曲が必ずしもその作品に合うとは限りません。つまり、音楽にも画と同様にオリジナリティが求められることが多いのです。

2-1 サウンドデザインの手法

Sound design method

音を作ることは必ずしも特別なことではありません。これだけさまざまな用途やツールがあるということは、作り方もそれだけ存在し、開かれた技術であるということです。ここでは、いくつかの具体的な音の生み出し方を紹介していきます。目的や自身のレベルと照らし合わせ、今できることは何か、これから高める必要がある能力は何かがわかると、サウンドデザインをより身近に感じることができます。

4つの手法

テクノロジーが発達する以前は、音楽作家でないと音楽は作れない、といったイメージがあったかもしれません。現在も商業音楽についてはその認識で作曲家に作曲を依頼する流れがありますが、画を補足するための音楽や、個人で動画制作をする際のBGMなどについては、作家に頼らず作る・付けるケースが増えています。ゼロ（全く作れない）か100（職業作家レベルで作れる）かという二極だけではなく、20や60といったレベルでの案件、つまり予算や期間も限られていて、オリコンを目指すわけではないが、無音は避けたいといったケースです。

そこで、音楽を作る手法を大きく4つにまとめてみます。

	既存曲をそのまま使う	既存素材を組み合わせる	既存素材をアレンジする	完全オリジナル
難易度	とても簡単	まあまあ簡単	ちょっと難易	難易
制作時間	とても短い	まあまあ短い	ちょっと短い	長い
専門知識	不要	ほとんど不要	少し必要	必要
思い通りに	ならない	なりにくい	少しなる	なる
人との被り	可能性大	可能性中	可能性小	可能性0
著作権への気遣い	とても必要	必要	必要	不要

⦿ 既存曲をそのまま使う

ひとつ目は既存の楽曲をそのまま使う形です。

この場合、作るというより用意するというほうが近いですね。インターネット上にも市販のフリー音源でも著作権的に使用が許された楽曲は数多く存在します。すでに出来上がっているので最も簡単に用意することができますが、アレンジがしにくく他者と被る可能性があります。場合によっては購入費用が発生します。また、使うのはOKでもアレンジはNGだったり、使用手続きをとる必要があったり、作品内にクレジットすることが定められていたり、さまざまな個別条件が設けられている場合があります。

⦿ 既存素材を組み合わせる

2つ目は複数の既存音源を組み合わせる方法です。

既存音源には楽曲として出来上がっているもの以外に、楽器別に作られている素材も多く存在します。DAWにプリセットされている音源ではむしろこのタイプのほうが多いでしょう。この場合、組み合わせの数だけオリジナリティを出せるので、既存楽曲を使うよりは他者と被る可能性が抑えられます。また、楽器別であればアレンジの余地もあり、イメージに近い作品が作りやすくなります。とはいえ、作られた音源である以上アレンジには限界があり、また、すべての既存音源同士の相性が良いわけではありません。うまく合わないと不協和音になったりもします。きれいに組み合わせるためにコードやキーなど音楽理論を必要とするケースも出てきます。

⦿ 既存素材をアレンジする

3つ目は既存音源にオリジナル音源を合わせる方法です。

例えばギターが弾ける人はリズムに既存音源を使いそれに合わせてギターを弾く、メロディはMIDIで打ち込みベースは既存音源を使う、といった形です。何かひとつでも音楽の特技があれば活かすことができ、よりオリジナリティを出しやすい方法です。ただしこちらも既存音源を使うことでの制限は同様にあるでしょう。

⦿ 完全オリジナル

4つ目はすべてオリジナルで制作することです。

当然、費用や期間、知識や技術があればあるほど完成度の高い作品が作れます。商業音楽は基本的にこの形です。映像や動画のための音楽でも「劇伴」といって、その画に合った楽曲を作るプログラムがあったりします。

しかし前述のようにミドルクラスの音が欲しい場合、そこまでの工数はかけないもののオリジナリティを出すことで、コンテンツの総合力を上げたり他者との差別化を図るよう求められることがあります。また、作品によっては10秒程度だったり8小節分だったりと短尺なこともあります。中には同じ4小節のフレーズをループで構わないという要件もあったりします。これらの場合は、楽器や音楽、音響の知識がなくともMIDIを使い、最低限の楽器構成で完全オリジナルの楽曲を作ることができます。

2-2 BGMの必要性と役割

Necessity and role of BGM

映像や動画ではさまざまなBGMが使われます。1本の映像や動画に対し1曲だけでなく複数曲が使われることもあります。また、単体で聴く楽曲としてかっこいいものが必ずしもその画にマッチするとは限らず、曲単体ではシンプルすぎるものが画に合わせることでかっこよくなるケースもあります。例えば、シリアスなシーンで豪華なオーケストラが流れるよりも、ピアノが短音でポローンと鳴ったほうがシーンが強調されることがあるのです。

BGMを作る前にどのような曲が求められ、それがあることでどんな印象を視聴者に与えるのか考えてみましょう。

BGMの必要性

そもそも映像や動画に音楽が使われる目的は何でしょうか。単にないと寂しいからでしょうか。映像や動画は動画像だけでなく光や音、演者、演技、衣装、ロケーションなど複数のファクターがトータルパッケージされた総合コンテンツです。そしてそれらは一定のルールや世界観のもとに共存することで魅力を最大限発揮します。

例えばホラー映画の場合、暗い画面がただずっと続くだけだとそのシーンの意図がよくわからなかったりしますが、そこに不穏な音楽が流れることで恐怖感を煽るシーンなんだと伝わることがあります。このように、あって成立する、言い換えるとないと成立しづらい、コンテンツにおける重要な要素のひとつが音楽だと考えましょう。一方で、必要のないシーンに音楽があると邪魔になることもあります。この場合、無音の音楽が適していると考えるほうがわかりやすいかもしれません。

音楽の有無だけでもガラッとシーンの印象が変わるため、映像や動画で音楽を使う際は、そのタイミングで何をどうメッセージしたいかを計画し、作品全体を俯瞰した視点でBGMの必要性を考えてみましょう。

BGMの役割

必要性を判断するために、その役割について考えてみます。必要とされるBGMとは何でしょうか。音楽コンテンツ単体として考えた場合は、画や光はなく音そのものが主役ですが、映像や動画の場合はそのシーンや目的によって要素のバランスが変わります。

例えば、役者が喋っているシーンではその声が主役です。音楽が良いからといってBGMが大きいとセリフが聞こえません。また、この場合音楽がなくても成り立つ可能性があります。しかし、喜んでいるときに明るい曲、泣いているときに悲しい曲がセリフを邪魔しない程度に流れるとその感情表現が高まります。何気ないシーンを輝かせる曲、役者やセリフのないシーンを盛り上げる曲もあるかもしれません。主役だけでも脇役だけでも成り立たない両者の絶妙なバランスがあることで、世界観がぐっと向上し感動が生まれやすくなります。これが総合力の強みであり、映像や動画作品に求められるポイントです。

フロントマンは誰で縁の下の力持ちは誰か、総合コンテンツの場合は他の役割を担う要素にも目を向け、出たり引いたりする各々のバランスを計画しましょう。

2-3 既存音源のセレクトと組み合わせ

Select and combine existing sound sources

BGMを作るにはいくつかの方法がありますが、比較的取り組みやすく自分の意図もある程度反映させることができるのは、既存音源を組み合わせる方法です。既存音源とはあらかじめ制作されている音のことです。自分でゼロから音を作り出す必要がないため、フレーズを配置していけばある程度の楽曲が組み上がるのがメリットです。

既存音源とはあらかじめ制作されている音のことです。ひとつの楽曲としてある場合もあれば、ベース単体の音源やギター単体の音源というように、楽器ごとに用意されたものもあります。少しでもオリジナリティを持たせたい場合は、後者の音源を複数使って組み合わせていくのがよいでしょう。

昨今のDAWの多くにはこの音源素材がいくつかプリセットされており、品質も悪くありません。また、ネット上にもたくさんの音源が存在します。これらの素材を自由に組み合わせていけば、特別な音楽の知識がなくてもコンピュータ1台だけでそれなりの音楽を作ることができます。ただし、特にネット上で調達した音源を使う場合は、著作権など利用規約を必ず確認しておきましょう。

それでは早速BGMを作っていきます。

仮に4ピースバンドを想定し8小節の短い楽曲を作るとします。つまり、ドラム、ベース、ギター、ボーカルという編成です。ここではコンピュータ1台だけを使う想定のため、ボーカルはメインメロディという役割に据えピアノ音源を使用していきます。

GarageBandの基本機能

まずこちらがGarageBandの空のプロジェクト画面です。このDAWの細かい機能的なことは、別の専門マニュアルを参照いただきたいのですが、必要最低限の説明をすると、GarageBandは大きく捉えて5つの画面構成に分かれています。

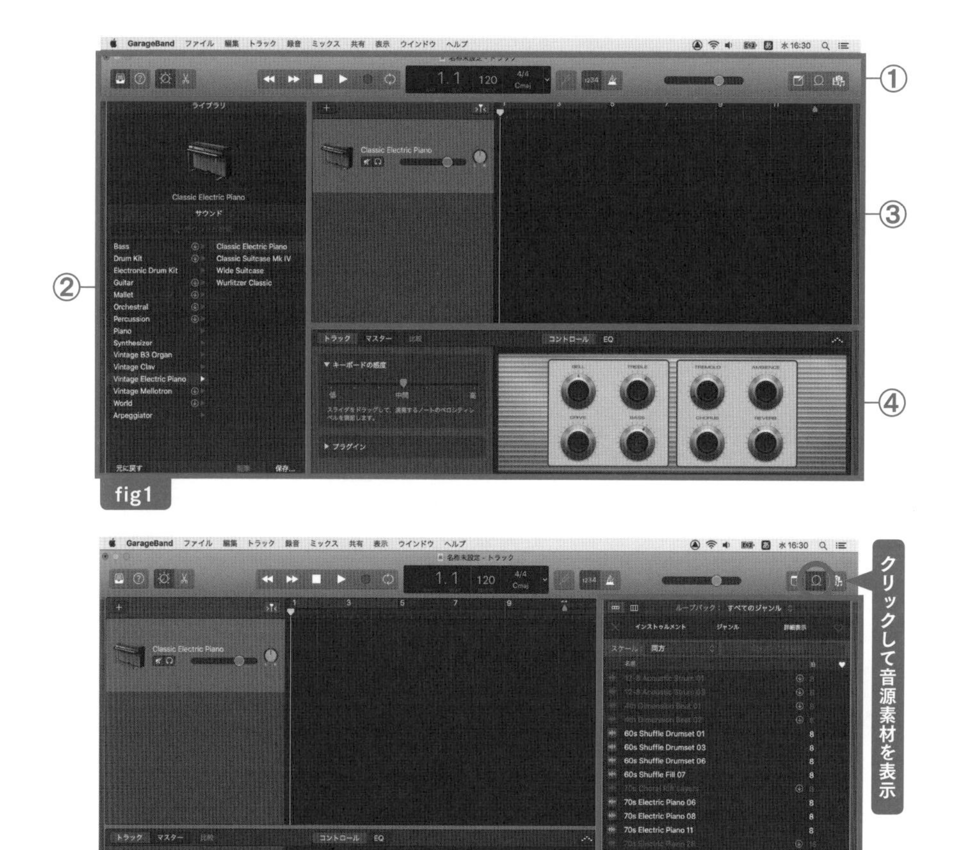

fig 1

① 再生や停止、録音を操作したり、現在の小節や時間を確認したりする管理画面です。

② 音源を表します。今トラックに割り当てているのはピアノの音なのかギターの音なのかといった音色の設定・確認画面です。

③ トラックとタイムラインを表し、実際に音を配置するエリアです。横軸が時

間を表し、左から右に経過していきます。縦軸はオーディオの場合は音の大きさを、MIDIの場合は音階や楽器種別を表します。今回は4つの音源を用意するのでここに4つのトラックが並ぶことになります。

④ 詳細を表示するエリアです。各種設定をしたり、指定したあるトラックの特定の部分を拡大したりします。MIDIを実際に打ち込む作業はこの画面で行います。

fig 2

⑤ あらかじめ用意させた音源のライブラリです。楽器やジャンル別で音を探すことができます。

ピアノ音源の配置

では試しに音源を配置してみます。

レコーディング手順でいえば本来リズム体から着手していくことが多いのですが、曲作りの場合は主役となるメインメロディが先にあるほうがイメージしやすいことも多いでしょう。ここではまずピアノ音源の中からイメージに近い音を探します。ちなみに、着手する楽器の順番に決まりはないため、自分なりの手順がある場合はその楽器のパートから読んでください。

ライブラリ内の「インストゥルメント＞ピアノ＞Disco Delight Piano」を選び1小節目にドラッグアンドドロップします。 fig 3 fig 4

すると四角い箱に囲われた波形が表示されます。この箱をリージョンといいます。1小節目に配置するとは、リージョンの頭が1小節目にくることを意味するので、画面のグリッド線を基準に配置するとよいでしょう。この時、空のプロジェクトの上のトラックに仮の音源（Classic Electric Pianoなど）が設定された場合は選択して削除（Delete）しましょう。

さらに、同じ音源を同じトラックの5小節目にも配置しておきます。つまり同じメロディを2回繰り返し、8小節のメロディとします。都度、ライブラリから持ってきてもよいですし、1小節目のリージョンをコピーアンドペーストで増やしても構いません。 fig 5

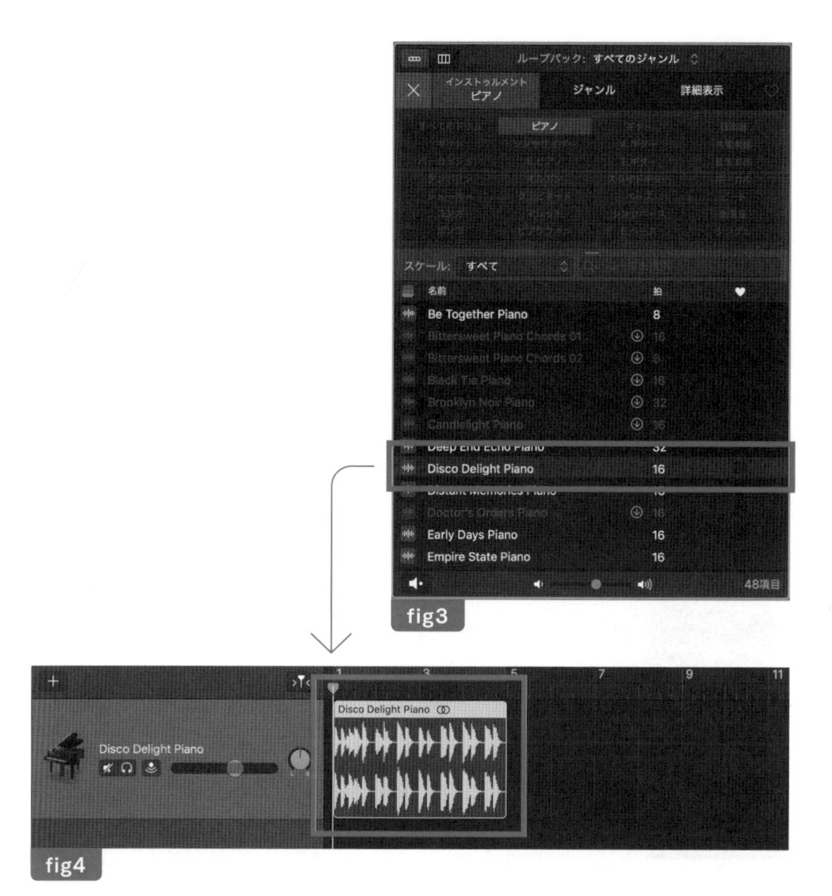

fig3

fig4

fig5

ドラム音源の配置

次に曲のリズム感をイメージしたいのでドラムを配置してみます。

ピアノと同じ要領で「インストゥルメント＞すべてのドラム＞Accelerate Beat」を使います。ただし、今回は2回繰り返すピアノの内、1回目はドラムのないイントロソロとして使いたいので、ドラムは5小節目から始まるよう調整します。リージョンはドラッグで移動することができます。 fig6

fig6

ベース音源の配置

次にコード感をイメージしたいのでベースを配置してみます。

ここでは「インストゥルメント＞ベース＞Alternative Rock Bass 03」を選び、ドラムと同じく5小節目に配置しました。このベース素材は1小節分しかないためコピーアンドペーストして計4小節分に増やします。ペーストする時は、音が欲しい小節の頭のルーラ（上部の目盛り）をクリックすると、再生ヘッドが移動し、そこに合わせてリージョンをペーストすることができます。 fig7 fig8

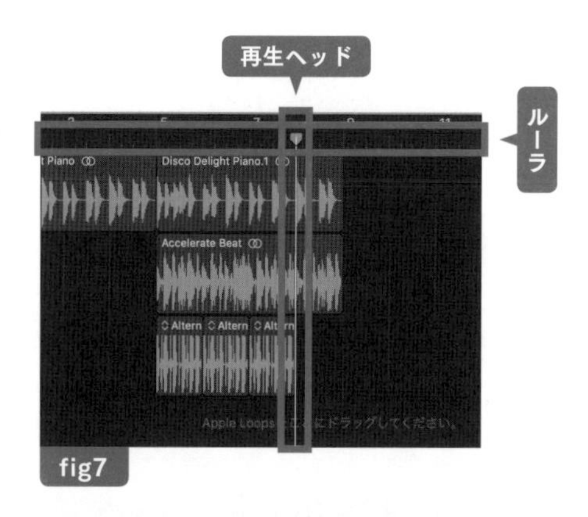

fig7

fig8

ギター音源の配置

最後にギターです。

「インストゥルメント＞ギター＞Camden Lock Rhythm Guitar」を使ってみましょう。ドラムやベースと違い、イントロの途中から入ってくる演出にしたいため、まず3小節目に配置します。そして、そのリージョンを5小節からコピーアンドペーストします。つまり1つ目のリージョンの後半半分を上書きする形になりますが、あえてそのようにアレンジします。こうすることでイントロとその後のメリハリがつき、8小節目の終わりのタイミングを他の楽器と合わせることができます。 fig9

fig9

これですべての素材を用意することができました。

まだ音量や定位〔音の鳴る位置や方向のこと。ステレオで聴いた時、その音が右から鳴るのか左から鳴るのか真ん中から鳴るのかなどを調整します〕など素材の配置以外は何もしていませんが、この状態で一度聴いてみましょう。再生ヘッドを1小節目の頭に移動させて、モニタリング音量に注意してプレイバックしてみてください。簡易的ではありますが、ちゃんと楽曲になっていることが聴いてわかると思います。

組み合わせ自由な楽曲制作

これが既存音源の組み合わせによる曲の作り方です。あくまで決まったフレーズを使うため自由度は決して高くないですが、音源数が多いほど組み合わせパターンは増えるので、選択肢という面では少しオリジナリティを出すことができます。

ただし、音源数が多くなるほど不協和音のように望ましくない音になることがあります。よく「あたる」とか「ぶつかる」のように表現するのですが、これを解決する基準のひとつがコードやキーといえるでしょう。しかし音楽理論がわからなくとも解決する方法はあります。音がぶつかる場合はぶつからない音が見つかるまで素材の組み合わせを探し続けるのです。

また、各小節の始まりの音階が同じだと楽曲として成り立ちやすい場合があります。いずれもアリかナシかを決めるのは耳であり、譜面上では望ましくないとされている音同士であっても、ひとりの視聴者として気にならなければ良しとしてそのまま進めます。まずは自分基準で試行錯誤してみましょう。自信がなければ友人に聴いてもらい意見をもらうのも手です。

やや高度ではありますが、世の中にはこのぶつかりをうま味としてわざと取り入れている楽曲もありますし、たまたま気持ち良いぶつかりになっていたという偶然の産物もあるかもしれません。音楽は自由だということをポジティブに捉えて楽しく作っていきましょう。音の組み合わせを探り続ける試み自体が面白く、新しい発見があるものです。

一方で、ぶつかる両者を比較し必要の度合いが低いほうを潔く削除するのもよいでしょう。省いていく方法をとると楽曲として寂しくなってしまいますが、まずは楽曲として成り立っていることを優先するのも重要です。そのうえで残った時間で再び組み合わせを探ったり別の演出を考えたりすれば、最低限の品質を担保しながらブラッシュアップすることができます。

ちなみにドラムは他の楽器に比べ音程感が少ないので、リズムさえ合っていれば他とぶつかることは少ないです。つまりドラムとメロディだけの構成であれば比較的安心して組み合わせることができます。そこにベースがハマれば最低限の楽曲編成は達成できるので、できるところから完成させていくとよいでしょう。

それでもやはり一歩上の表現を目指したいという場合は、必要な部分から音楽理論を勉強しましょう。ネット上にも多くの情報があります。限られた内容を自ら欲して学ぶのであれば、比較的高いモチベーションを保ちながら短時間でスキルアップすることができるはずです。

2-4 オリジナル作曲

Composing original songs

やっぱり完全なオリジナル楽曲を作りたい、という方はすべての音を自らの手で生み出す必要があります。しかし、音楽理論は得意じゃないという場合、どうしたらよいでしょう。オリジナル楽曲であることと自らが意図した通りに生み出す楽曲は別で、前者を他者と被らない楽曲と定義するのであれば、どなたでもある程度作り出すことができます。つまり、技術的なできる・できないの制限はあるものの、できる範囲の中で選択した結果、この世にひとつしかない楽曲ができるということです。ここでは打ち込みで作曲をしてみましょう。

テンポ／拍子／音階

曲を作るための準備項目をいくつか設定します。基本的にはGarageBandの新規プロジェクトを立ち上げた際のデフォルト設定を使っていきます。テンポは120、拍子は4分の4、コードはCメジャーとなっていると思います。 fig10

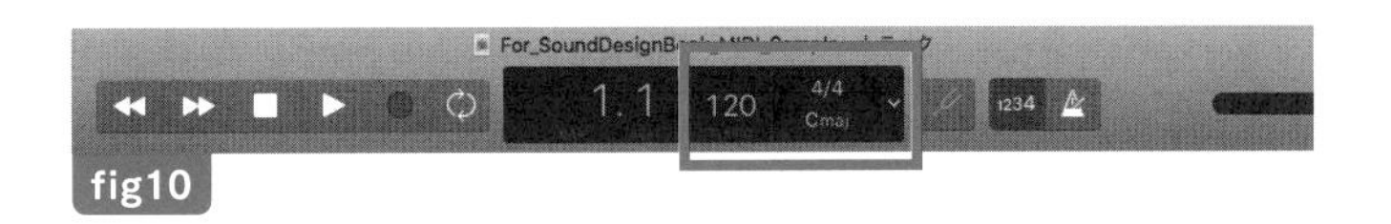

fig10

テンポとは曲の速さのことで、1分間に何回拍を叩くかを表します。実際にテンポ120を手で叩いて表現すると、0.5秒に1回叩く速さになります。

拍子の4分の4とは、1小節の中に4分音符が4つあって成り立つことを意味します。4分音符が4つなので、手を4回叩くと1小節が終わるという形です。もしすべて8分音符であるなら、4分音符は8分音符2つ分の長さなので8つ入ることになります。

コードとは気持ち良い和音を達成させるためのルールのようなものです。これがあるからドミソを一緒に弾いたときにかっこいい和音になります。しかしここでは一旦コードは気にしません。そして、Cとはドの音階のことです。つまりA、B、C……とはラ、シ、ド……にあたります。Aがラである、もしくはドはCである、などどれかひとつがわかっていれば、あとはひとつずつ辿ればドレミファソラシドすべての音階は読めますね。

打ち込みのルールとコード

音源はすべてMIDIを使っていきます。前項ではすでに出来上がっているオーディオ音源を使いましたが、オリジナルを目的とし自由に音を表現したいので、MIDI音源を使った打ち込みで作曲します。

今回も8小節のポップな楽曲を5ピースバンドで作ることにして、まずメロディから打ち込んでみましょう。つまりドラム、ベース、エレキギター、アコースティックギター、メロディという編成です。もし少しでもメロディやリフが頭の中に浮かべば、まずそれを打ち込みそこから膨らませていくのもよいでしょう。あるいは近い既存楽曲をベンチマークにするのも有りです（ただしパクリはNGです）。

本来であればこの方法が望ましいです。それは音楽以外の制作物にもいえることですが、企画があっての制作だからです。こういうものが作りたい、あらかじめ漠然とでもイメージがあってものを作るわけです。全くのノープランでゼロからひとつ一つ試しながらというスタンスは、個人の趣味や練習であれば構いませんが、偶然の産物狙いで良いものを探るのは、ある意味賭けになります。ましてや、何かの映像や動画のBGMであればある程度楽曲のテイストは決まってくるので、当然ゴールとなる軸があったほうが、制作時の判断基準が明確になり作りやすくなります。

しかし、初めて楽曲制作する際はそう良いものが思いつくわけではありませんので、ひとつ基準を探します。ここで使うのがコードです。使うといっても相性が良いとされるコード進行をインターネットで調べて拝借するだけです。例えば「コード進行 明るい曲」と検索するだけでもたくさん出てきます。また、その際、「Gm7（ジーマイナーセブン）」のようにアルファベット以外のものが付いたコードが出てくる場合があります。しかしまずは作って慣れることを優先して、これらは一旦無視し、頭文字だけを使ってトライしてみましょう。最初はわかるものだけ使うということです。

本書では仮にC-F-C-Gというコード進行で進め、それを2回繰り返すことで8小節としてみます。これはつまり、各小節における1拍目の音階（各小節におけるキーということです）がド-ファ-ド-ソとなり、それを基準に打ち込む方法です。

ピアノ音源の打ち込み

ではまず主メロをデフォルト音源の「Classic Electric Piano」で4小節打ち込んでみます。

トラックの1小節目を「commandキー＋クリック」すると空のリージョンが作成されます。作成したリージョンをダブルクリックして、画面下にピアノロールを表示させましょう。ここに打ち込んでいきます。 fig11

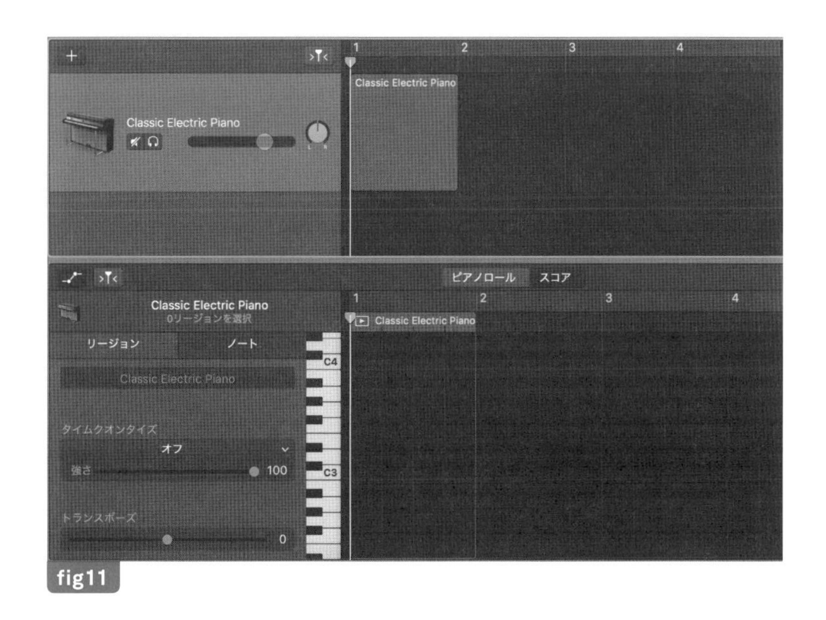

fig11

この時も音を入れたい場所を「commandキー＋クリック」し、両端をドラッグすることで音の長さを調整していきます。 fig12

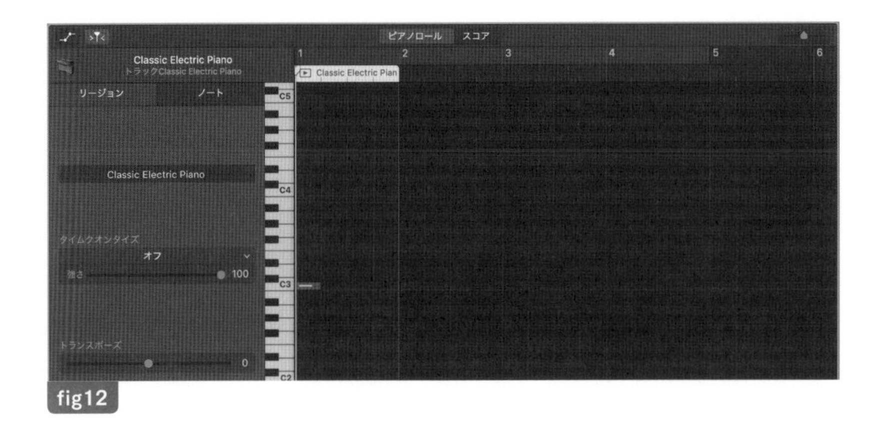

fig12

fig13 のように4小節分打ち込んでみましょう。

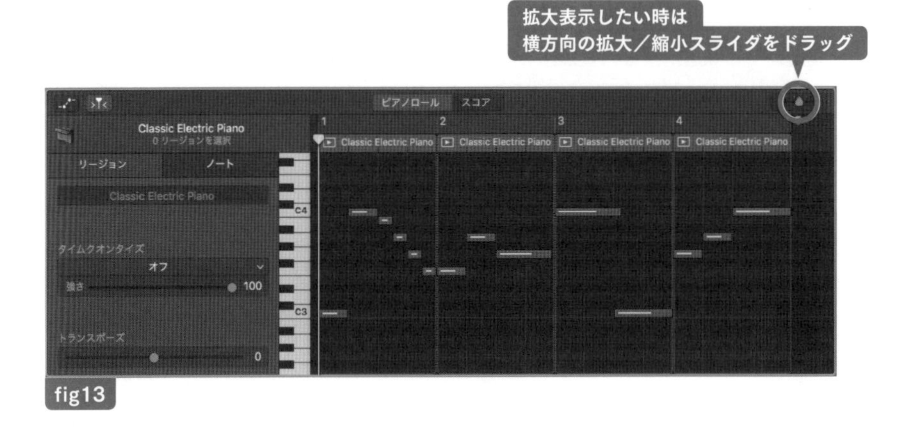

fig13

譜面（スコア）で表すと以下になります。fig 14

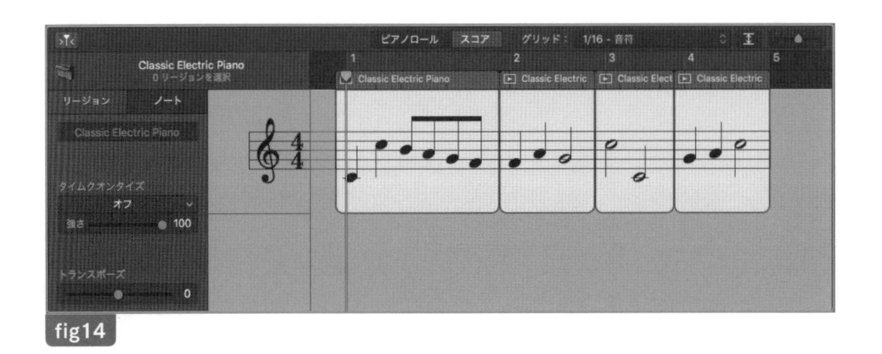

fig14

なお、音階が合っていればオクターブの動きは自由です（高さの異なる同名の音階が使用できます）。

画面の全体は以下です。 fig15

fig15

ドラム音源の打ち込み

次にドラムを打ち込んでみます。ドラムを打ち込む場合、本来であればキックでひとつのトラック、スネアでひとつのトラックというようにひとつずつトラックを分けて作ったほうがよいです。それは、打ち込んだ後キックだけイコライザーをかける、スネアだけ音量を上げるといったように個別調整する必要が出てくるためです。ドラムトータルとしてひとつのトラックにしてしまうとこれらが調整しにくくなってしまいます。

ですが、まずはそれを気にせずやはり慣れとわかりやすさを優先して、ここではドラムとしてひとつのトラックを作ってみます。新規トラック（ソフトウェア音源）を追加し、音源はライブラリから「Drum Kit＞SoCal」を使用します。 fig16

1拍目と3拍目にキックを、2拍目と4拍目にスネアを配置し、ハイハットを8分音符で刻みます。ただし、1拍目のみシンバルを入れ少しメリハリをつけます。 fig17

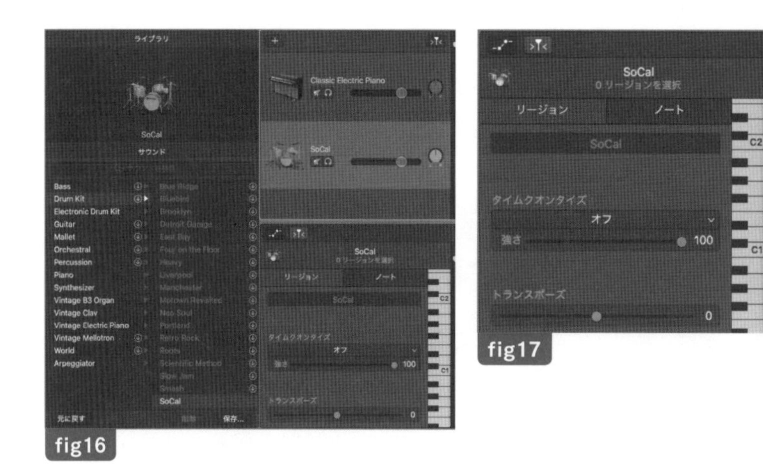

fig16

fig17

1小節分のリズムを作ったらコピーアンドペーストして4小節にします。 fig18

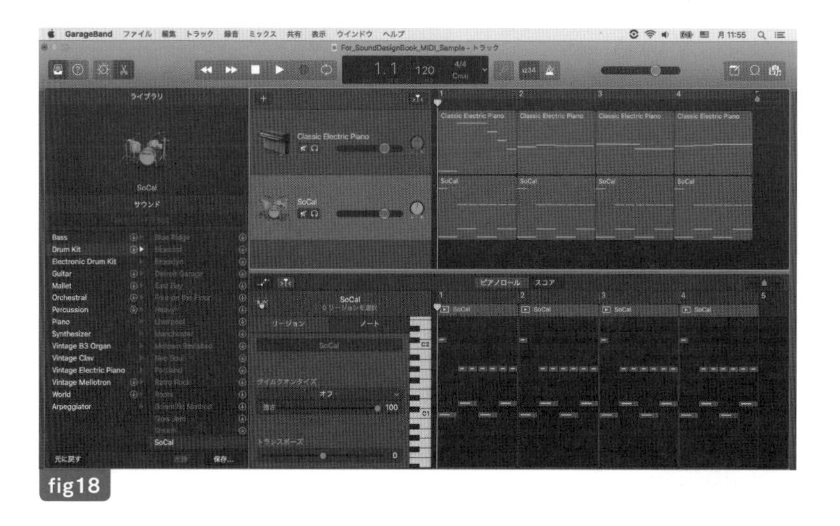

fig18

ここで気を付けたいのはドラムをリアル楽器のドラムシミュレーターとして使うのか、別物として使うのかです。前者であれば叩くドラマーを想定しなければなりません。頭の中にいるドラマーは腕と足が2本ずつなので、同時に叩ける数には限度があります。例えば、ドラムの3点でいうならキック、スネア、ハイハットになり、スネアとハイハットを同時に叩いてる瞬間はシンバルもタムも叩くことはできないということです。しかし、打ち込みであればそれらも同時に叩かせることが可能なので、気付かずに打ち込んでいると頭の中のドラマーとは違う音になっている可能性があります。

シミュレーターという概念ではなくドラムを打ち込む場合は、同じ瞬間に5個も10個もさまざまな打楽器を鳴らしても成立しているということになります。

ベース音源の打ち込み

次にベースを打ち込んでみます。音源は「Bass > Fingerstyle Bass」を使用します。

ベースやギターといった楽器にはどんな弾き方があるでしょうか。4分音符をリズムに合わせピッキングする、コードを抑えジャーンというように全音符（白玉といいます）の長さで弾く、アルペジオのようにメロディアスに弾く……いくつか想像できます。こういった弾き方はベーシストやギターリストでなくとも普段曲を聴いている中で自然と耳にしているはずなので、どんな弾き方があるかという観点でいろいろな曲を聴き直してみるとよいでしょう。

ここでは、C-F-C-Gに合わせ4分音符を規則的に刻んでみます。つまり、ド・ド・ド・ド、ファ・ファ・ファ・ファ……という弾き方です。fig 19

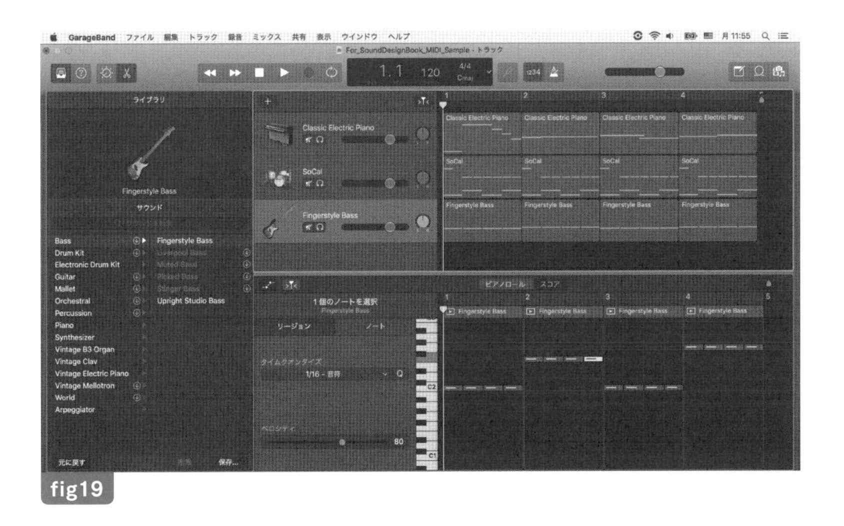

fig19

エレキギター音源の打ち込み

次にギターです。エレキギターから打ち込んでみます。音源は「Guitar > Hard Rock」を使用します。ギターの弾き方もさまざまありますがここでは白玉にしてみます。C-F-C-Gの流れで小節毎に一本の弦をジャーンと長く弾く形です。fig20

fig20

アコースティックギター音源の打ち込み

最後にアコースティックギターです。音源は「Guitar > Acoustic Guitar」を使用します。エレキギターでは全音符を使ったので、アコースティックギターは2分音符にしてみましょう。つまりひとつの音が全音符の半分の長さで、小節毎に短くジャーンジャーンと2回弾く形です。fig21 fig22

fig21

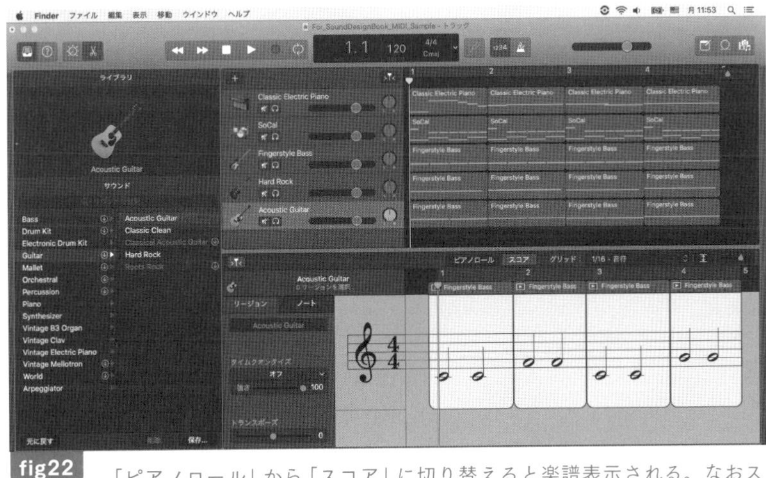

fig22 「ピアノロール」から「スコア」に切り替えると楽譜表示される。なおスコアでも編集可能。

自由に表現する楽曲制作

この5つのトラックが出来上がったら一度聴いてみます。非常にシンプルですが曲っぽくなっていると思います。このようにコードそのものの意味はわからなくとも、C-F-C-Gのようにコード進行を決め、あとはその音階に合わせてシンプルに打ち込めば楽曲として一応の成立はします。この全体を2回繰り返し8小節の楽曲とします。fig23

fig23

まずはこれを骨子として最低限を担保すれば、あとはアレンジに時間を使うことができます。ひとつの例として、以下のようにアレンジすると楽曲が少しずつ豪華になってきます。さらにアレンジして完成度を高めるのも楽しいです。fig 24

アレンジ例

- ■ボーカルを部分的にハモらせる
- ■ドラムフィルを入れる
- ■ドラムは楽器別にトラックを分ける
- ■ベースの規則性を少し崩す
- ■エレキギターとアコースティックギターを和音で奏でる

その他、細かいアレンジを少し行っています。

プロジェクトファイル	■ DEMO_MIDI_SoundTrack_No_Arrange.band アレンジ前の楽曲のGarageBandファイル ■ DEMO_MIDI_SoundTrack_Arrange.band アレンジ後の楽曲のGarageBandファイル

fig24

本プロジェクトファイルはダウンロードいただけます(p.7参照)。もっと深堀りしたい人は複数のアレンジを試したり、弾く小節と弾かない小節のメリハリをつけたり、パッドやストリングスなどの楽器を新たに加えたり、いろいろ試してみてください。

このように音楽理論がわからなくてもオリジナル楽曲を作ることはできます。いきなり完成形を作るよりもまず骨子を作り、その後アレンジして豪華にしていくほうが負担が少なく、全体像も把握しやすいといえるでしょう。また、音が増えるとここでもぶつかりが出る場合がありますが、聴いて気になるかどうかでまずは判断し作業を進めます。

ただし、このやり方は1拍目の音階に縛りを設けているので、把握がしやすい反面、例えば対旋律〔主旋律とは別に奏でるメロディのこと。主旋律を補助したり世界観を色濃くしたりする役割を担います〕を作るといった応用が効きにくい面もあります。このやり方をある程度マスターしたら、徐々に縛りをなくして自由度を増していくと、より意図した楽曲を作ることができるでしょう。

また曲作りとなると絶対音感が必要ですか？と質問される方もいますが、マストではありません。むしろ相対音感があればよく、これは誰でも身に付けることができます。例えば、ピアノの鍵盤でドを弾きます。次いでオクターブ上のドを弾きます。どちらの音が高いでしょうか？という問いにはほとんどの方が正解できると思います。このように複数の音を比較して違いがわかるのが相対音感です。相対音感があって頭の中にイメージの音があれば、鍵盤をひとつずつ叩いて合うものを見つけることができるはずなので、これを繰り返すことでイメージを具現化することができます。

楽曲と聞くと一般的な音楽コンテンツのように、5分程度のものをイメージしがちですが、必ずしも最初からこのボリュームを作る必要はありません。今回のように動画のための楽曲であれば数秒、数十秒で十分な場合もあります。また、例えばシーンごとに曲を変えるという方法がとれるのであれば、短い尺の楽曲を複数個用意すればよいわけです。さらに、音楽にはループという考えもあって、作った音を繰り返すことで楽曲としてのメッセージを強くする方法もあります（無駄に繰り返しすぎるとしつこくなりますが）。

このように、いきなり膨大な量の音を作らなくても曲が作れると考えると、制作に取り組みやすくなります。いずれ5分のフル尺楽曲を作りたいと思っている方であっても、一気に作るのではなく、例えばAメロ、Bメロ、Cサビとパーツごとに考えれば着手しやすく、これまで学んだ手法を活用することができます。

なんとなくでも頭の中で目指す楽器構成、楽曲構成をイメージすることは、知識や技術に関係なく誰にでもできます。この全体像さえ持っていれば、あとはできるところから骨組みをしていって、結果自然とゴールに向かっていたという状態が作りやすくなります。そして、少しずつ実際の音が出来上がることでモチベーションも維持しやすく、また、自身のスキルでできる表現・できない表現も掴みやすくなるので、現実的な音作りをすることができるでしょう。

2-5 ラフミックス

Rough mix

ラフミックスとは、文字通り簡易的に音を混ぜ合わせることです。これまでは音源や音色に注目し音を扱ってきましたが、他者がこれを聴いたときに特定の音だけが大きすぎたりして聴きにくくならないよう、全体の音量感を中心にまとめる工程です。本格的なミックスの前に行うので、本書では作曲の仕上げとして紹介します。

ラフミックスの目的

これまでは楽曲をゼロイチで生み出すことをしてきました。いわゆる素材の調達です。これで必要な登場人物が出揃ったので、彼らをどう着飾りどう動いてもらうかの演出面を整えることが必要です。これらはそれぞれ時間をかけて、違った視点で調整し音を作り込んでいかなければなりませんが、その前にゴールまでの道のりにおける現在位置を確認する必要があります。それがラフミックスの目的です。具体的には出揃った音源の音量を簡易的に整えます。

全体の音量感を均す

現状では5種類の楽器がすべて0dBで並んでいますが fig25 、すべてが1:1:1:1:1の音量感で聴こえるわけではありません。それは、楽器の特性や音源そのものの特徴によってそれぞれが持つ音量が違うためです。そこで、おおよそ違和感なく聴くことができるよう各トラックの音量を整える必要があります。言い換えると、目指す楽曲としての音量バランスに近い状態を作る必要があります。音量を変えると各音の聴こえ方が変わるため、これが整って初めて調達した音が正解だったか否かがわかります。

現在の状態で再生するとわかる通り、ギターが目立ちます。かっこいいギターの音ではありますが、その分他の音が聴こえにくくなっています。特に楽曲の主役となるピアノメロはもう少しはっきり聴こえてよいものなので、音量フェーダーでギターを少し下げピアノを少し上げておきましょう。

また、どれかひとつの楽器の音量を変化させると他のすべての音の聴こえ方が変わるので、必要に応じ他の楽器の音量も調整します。パッと聴いてだいたいどの楽器の音も認識でき、さらにどれが主役かがわかる程度に音量を調整します。つまり、先入観のない状態で聴いても違和感のない楽曲にします。これは現状を把握するためのラフな調整のため、何時間もかけて行う必要はありません。

調整前の状態（fig25）と、調整後の状態（fig26）です。

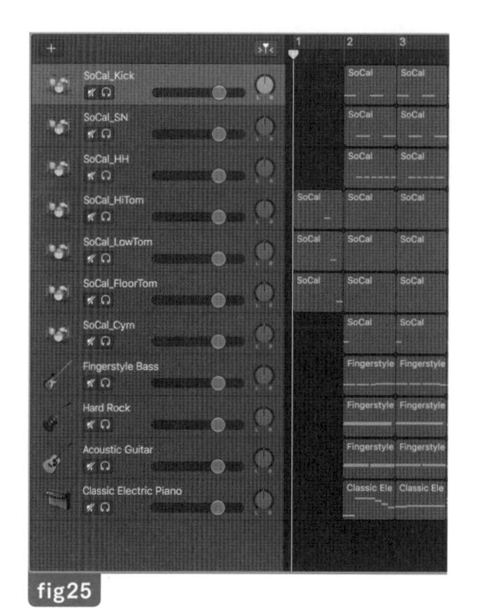

fig25

fig26

マスターレベルの確認

あとは、トータルで音が割れていなければラフミックスとして成立します。これも特に決まった基準はありませんが、マスターフェーダー〔各トラックの音の大きさの総和。すべてのトラックの音が混ざった状態で、全体としてどのようなパフォーマンスになっているか確認しやすく、また制御することができます〕のレベルメーター〔実際の音の大きさを表すメーター。基本的にはこのメーター量が多く振れてるほど音は大きく聞こえます。また、このメーターがピークを越えると音が割れます〕が7～8割程度振れている状態で良いです。逆にラフミックスの状態でMAXレベルまで上げてもあまり大きなメリットはなく、むしろその後の調整で増やせるレベルバッファとしての余地を残しておいたほうが都合が良いといえるでしょう。

以下が標準的なラフミックスのマスターレベルの例です。ここでは、マスター音量スライダーをマスターフェーダーとして使いレベルを管理します。fig27

fig27

2-6 作曲の応用

Applying composition

基本的な作曲は「2-5.ラフミックス」で完了していますが、ここではその他の作曲方法を紹介します。これまでは比較的短めの尺や少ない楽器数でGarageBandを用いた作曲にフォーカスしてきました。この手法でも作り出せる音の数は膨大です。しかし、クリエイターやエンジニアといった制作者の中には、作業すればするほどより高い品質の音作りがしたいと思う方もいるでしょう。そこで使用するのがLogic Pro X（以下、Logic）です。

LogicはGarageBandと同じくApple社が開発・販売するDAWで、両者は互換性が高くインターフェースも似ていることから、近い感覚で作業することができます。fig28

つまりLogicはGarageBandの上位版といえたツールであり、これまで以上にトラック数を増やせたり、より多くの音源の選択肢があったり、より細かい設定をすることができるのです。さらに、GarageBandで作ったプロジェクトファイルをLogicで開くこともできます（ただし逆は開けません）。

fig28 左がGarageBand、右がLogicの画面。両者は非常に似たインターフェースになっている。

コライトによる作曲

コライト（Co-Write）とは、複数人で協力し合いながら共同で作曲する方法で、現代の商業音楽でも用いられています。もちろん曲作りという作業は一人で没頭して達成できることも多く、個人で作曲できることは大きなメリットです。しかし何か楽曲を作る場合、ドラムはドラムが得意な人、ベースはベースが得意な人が作ったほうが、より高い品質の曲作りができることがあります。リズム体は自分でできるがギターだけ他の人に任せたいというように、目的や状況に応じた役割分担をして、ひとつの楽曲を作ることもできます。

仮に4ピース編成の楽曲をMIDIの打ち込みを用いて4人で作るとします。つまりひとり1つの楽器を担当するという役割分担です。曲調や楽曲構成、コード進行、テンポなど一通りの約束事を決めれば各自が好きな場所で好きな時間に作業することができます。そして各々の作業が完了すると4つのGarageBandのプロジェクトファイルが出来上がります。あとは、誰かが代表してそれを取りまとめれば完成です。

しかし、GarageBandは打ち込んだファイルをMIDIファイルとして書き出すことができません。そこで使うのがLogicです。Logicを使えばGarageBandのファイルを開くことができ、さらにMIDIファイルとして書き出すことができます。Logicを使いこの4つのプロジェクトファイルから4つのMIDIファイルを書き出し、ひとつのプロジェクトに読み込めば4人の打ち込んだMIDIデータをトラック別に並べることができます。

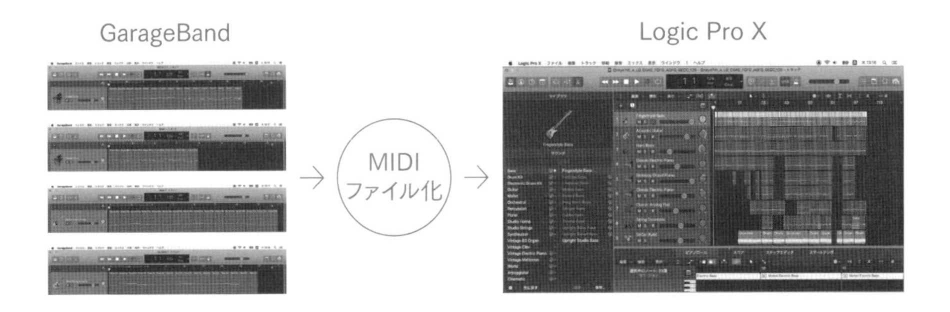

楽曲品質の向上

さらにLogicはGarageBand以上に細かい設定ができる機能を持っているので、ゼロからの打ち込みでも既存データの利用であっても、そのままLogic上で修正や編集をすることができます。

サンプルレートの変更や細かいグリッド機能、カラーやノート、パラメータの詳細表示や設定変更、わざとリズムをずらすことでより人が弾いているかのような微妙なグルーヴ感を再現するスウィング機能といった、たくさんの機能が備わっています。音源の数もとても多いので、例えばコライト後に4つのファイルを合わせてみて初めてわかる問題にも対応しやすいのが特徴です。 fig29

fig29 Logic Proの画面。GarageBandに似たインターフェースデザインのため理解しやすく、しかし設定や調整のための機能やパラメータが格段に多くなっている。

打ち込みおよび編集後のラフミックスについても、GarageBandにはなかったミキサーウィンドウがあるので、そのまま同じ画面で作業することができます。イコライザーやコンプレッサーといったプラグインについても、GarageBandと同じくAudio Unit（AU）形式のものが使えます。 fig30

fig30

GarageBandにはないミキサーウィンドウがあるのもLogic Proの特徴のひとつ。細かい音量調整等をすることができる。

このように、作曲をもっと追求したい人や仲間と共同作業をしたい人は、LogicなどへDAWをグレードアップするのもひとつの方法です。ただし、機能が多いとそれだけ理解しにくかったり、設定エラーに気付かなかったりするリスクもあるため、特にこれから音楽制作を始めるという人は、まずGarageBandをたくさん使いこなし、知識や技術の基礎固めをするほうが、結果的に仕組みを理解しやすいかもしれません。

Chapter. 3

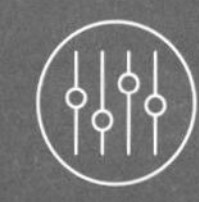

エフェクト

エフェクトとは音にさまざまな演出効果を与える機能です。動画や映像でも、画を明るくしたりディゾルブをかけたりといろいろな効果を加えることができますが、音も同様にいろいろな仕掛けを与えることができます。エフェクトを使うことでよりリアリティが増したり表現力が向上したりするのです。

3-1 エフェクトの必要性

Necessity effect

エフェクトはソフトウェア、ハードウェア共に存在し、DAWではプラグインと呼ばれソフトウェアで存在しています。なお、GarageBandでもエフェクトはかけられますが、ここからはエディットやミックス要素が入ってくることから、AVID社のPro Tools First（一部、Pro Tools）を使用していきます。

Pro Tools First（一部、Pro Tools）とは

Pro Toolsとは、DAWのひとつで、多くのレコーディングスタジオで導入されている最もメジャーなシステムです。GarageBandやLogic同様、MIDI入力もオーディオ音源も扱うことができ、音の打ち込み、レコーディング、エディット、ミックス、マスタリングとさまざまな工程に対応することができます。

しかし、やはりどのDAWにも得意不得意があります。これはそもそもこのシステムが作られた目的や経緯によるところもあるのですが、GarageBandやLogicはどちらかというと、MIDIを使った打ち込みという、ゼロイチを生み出すために使われることが多いです。そのため、特にLogicは作曲家やアレンジャーといった人が多く使っています。なお、GarageBandはLogicの下位システムでもあるため、学び始めのツールとしてはとてもわかりやすいですが、プロの現場ではあまり見ません。

一方、Pro Toolsはもともと録音を主とした音源の処理をメインに作られたものであるため、オーディオ音源の扱いに長けています。そのため、Pro Toolsはエンジニアが使うことが多く、ほとんどのレコーディングスタジオで見る業界標準のシステムです。

実際、商業用レコーディングスタジオに導入されているのは、Pro Tools Ultimateという商業版で、Pro Toolsはそれにやや機能制限を設けることで手軽に導入できるようにしたものです。両者はいずれも費用を必要とします。一方、

Pro Tools Firstは無償である分、機能制限がさらになされていますが、高いマシンスペックを必要とせず、また基本的な機能や操作方法は他のバージョンと変わらないため、特に初めて使う方にはわかりやすい仕様になっています。

いずれもエディットウィンドウ fig1 とミックスウィンドウ fig2 という2つのインターフェースをメインに作業していきます。

fig1

Pro Toolsのエディットウィンドウ。左から右に時間軸が流れ、音を波形として見ることができ、また波形自体の修正もすることができる。さまざまなパラメータを細かく表示することができ、素材を配置・構成し、音を目で見ながら形作っていく。

fig2

Pro Toolsのミックスウィンドウ。ハードウェアミキサーなどを模した直感的なインターフェースで、ボリュームフェーダーなどを使い各トラックの音の大きさや音量の変化を細かく調整することができる。また、外部機器との入出力設定やエフェクト処理の設定も調整することができる。

エフェクトを使うタイミング

音のエフェクトとは、音に響きを与えたり、音のキャラクターを変えたりと、音に演出効果を与える機能のことです。

そのためレコーディング、エディット、ミックスいずれの工程でも使用します。ただ、その割合は各工程により異なり、どちらかというと後半の工程になるほど使用する頻度が高くなります。つまり、ミックスの工程で最も使用するということです。それは、元音はできるだけ素の状態で管理し、必要に応じて都度エフェクト処理を施したいからです。例えば、音録りの段階でエフェクトを使ったいわゆる「かけ録り」状態にすると、その効果が元音と混ざった状態でずっと保持されるメリットがあるのに対し、後でエフェクトの音だけ外したいとか、処理を変更したいと思っても触りづらいデメリットがあります。制作ではいつ方針が変わるかわかりませんし、他の音が新たに混ざることで気付く音の変化も多くあるため、利便性や実用性を鑑みてなるべくかけ録りしない形で使います。

具体的には、録った素の音を再生し、再生したその音にエフェクトをかけ、スピーカーからは混ざった音を聴くという流れです。こうすることで、元の音を傷つけず、何度もエフェクトを試すことができます。気に入ったエフェクトをかけることができたら、その状態で書き出せば、元音とエフェクトが混ざった完成音を新たに作ることができます。

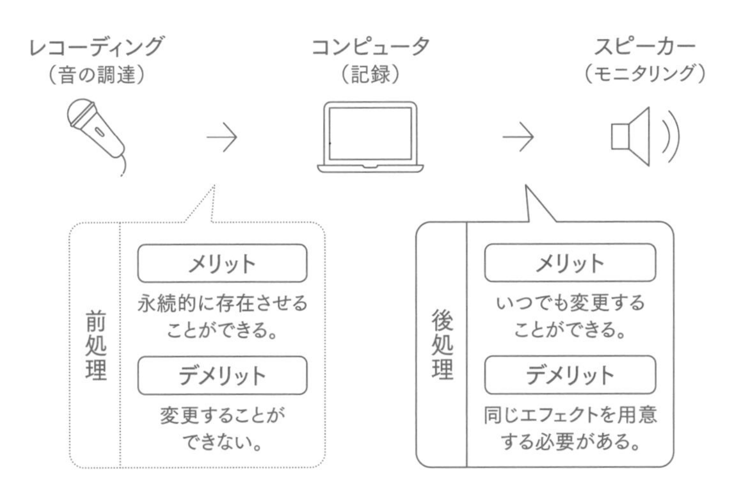

プラグイン

レコーディングスタジオにはミキシングコンソールやコンピュータがあるだけでなく、音楽プレーヤーやレコーダー、電源といった機材のほかに、エフェクトのハードウェアが設置されていたりします。このようなものをエフェクターあるいはアウトボードと呼んでいます。こういったハードウェアでしか出せない音がありますが、コスト面だったり物理的な大きさを管理するデメリットがあるため、本書でのエフェクトはソフトウェアを使っていきます。

DAWではこのエフェクトのソフトウェアのことを「プラグイン」と呼んでいます。デフォルト（Pro Toolsの場合、開発元であるAVID社）のプラグインからサードパーティーのプラグインまでさまざまあり、このプラグインでコンピュータの中にハードウェアの代わりとなるエフェクトをソフトウェアとして導入することができ、物理的なハード管理をせず気軽にエフェクトを使うことができます。これは、物理的な楽器を使わずMIDIを使って楽器音を奏でるMIDIの打ち込みと同じようなイメージです。

そのため、特に自宅で制作作業をする方は、ハードウェアよりこのプラグインを使うのが主流になっています。現場でもプラグインを多く使い、もはや主流といってもよいくらいですが、求める音によっては必要に応じハードウェアを合わせて使ったりしています。

プラグインの使い方は次の通りです。fig3 fig4

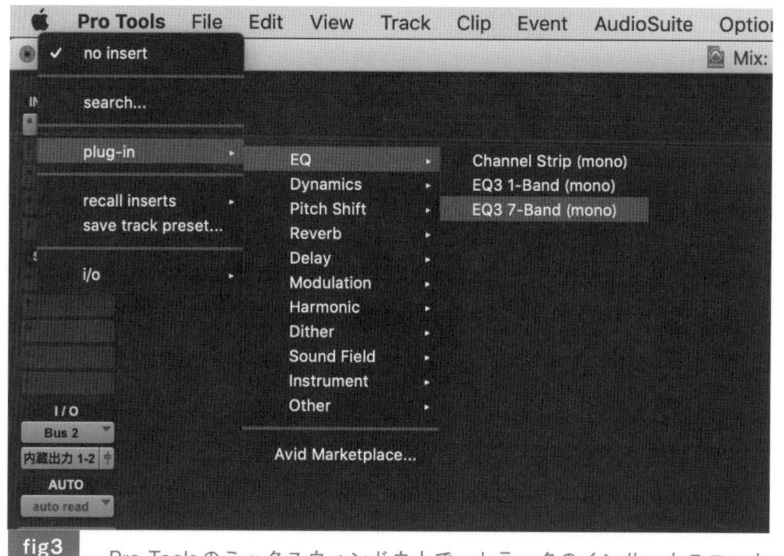

fig3 Pro Toolsのミックスウィンドウ上で、トラックのインサートスロット「INSERTS A-E」に使いたいプラグインをセットする。

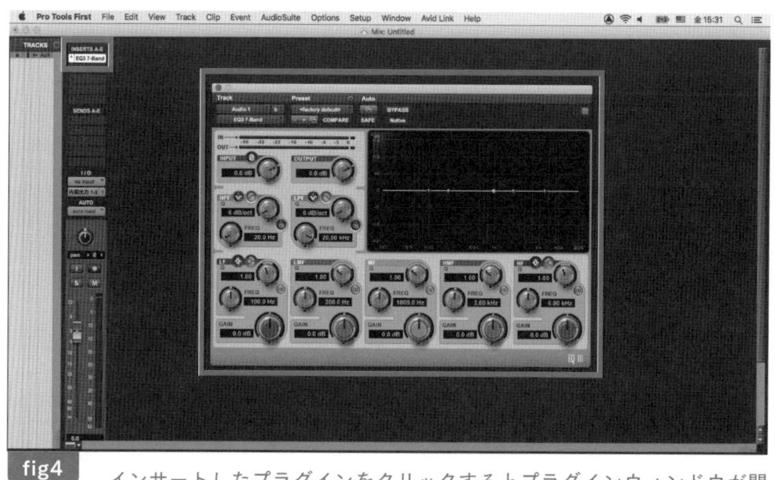

fig4 インサートしたプラグインをクリックするとプラグインウィンドウが開く。デザインはプラグインによって異なり、ハードウェアを模した直感的なインターフェースになっていることが多い。

エフェクトを使うスタンス

音楽の場合、エフェクトは最小限に留める意識でまずは使いましょう。補足で使うという感覚です。それは、調達した素材をなるべく活かしたいからです。打ち込みであれ録音であれ、レコーディングでは目指す音になるべく近い状態を達成し調達しているはずです。エフェクトであまりに原型を留めない処理をするのであれば、そもそも調達した素材自体が間違っているのかもしれません。また音質の面でも、エフェクトにより元の音の純度を下げることにもなりかねないため、慣れないうちこそあくまで補足というスタンスでエフェクトをかけることで綺麗な音を作ることができます。

ばれていいエフェクトとばれたくないエフェクト

補足ということをもう少し具体的に見ていきます。

エフェクトにはさまざまな種類があり、例えば音に響きを与えるエフェクトがあります。これを施すことで、その音が存在する空間をよりリアルに表現することができます。この効果は視聴する際にわかっていいものです。エフェクトの効果が伝わることで空間を認識できるためです。一方、ピッチ(音程)を直すエフェクトがあります。ボーカルのピッチを直す際に使ったりするのですが、これは直していることがばれたくないですね。そのため、特に過度な使用を避け、ばれない範囲で使いこなす必要があります。

このように、エフェクトは基本的に補足というスタンスで使い、その中で少し見せるエフェクト、隠すエフェクトというさらなる使い分けをすると、楽曲として魅力がより増していきます。それでは、大きな機能毎にエフェクトの効果を見ていきましょう。

3-2 イコライザー

Equalizer

イコライザーとは音の高い成分・低い成分を増減させるエフェクトです。音の高低は周波数でコントロールできるため、例えば高い周波数成分を増やすことで高音を目立たせ音を明るくしたり、低い周波数成分を増やすことで低音の効いた迫力ある音を作ったりすることができます。 fig5

fig5 AVID社のEQ III（EQ3 7-Band）

イコライザーの種類

エフェクトの中でも比較的わかりやすく、見たことがある方もしくは触ったことがある方も多いかもしれません。イコライザーは「EQ（イーキュー）」と呼ばれます。スタジオのミキシングコンソールにもEQのつまみがたくさんついていますし、多くのDAWにデフォルトでバンドルされている演出機能です。

EQの基本的な機能は増減したい周波数を選び、そこをどれだけ増幅したり減衰させたりするかの2軸でコントロールします。特定の周波数を選び上げ下げした際、その周辺の周波数も多少なりとも増減の影響を受けます。例えば、1kHz

の音を数dB上げると950Hzや1.5kHzも少し上がります。1kHzを山の頂上とし周辺の周波数が裾野になるイメージです。こうすることで、EQの増減が処理されても自然に変化した音のように聴こえます。この仕組みで成り立っているものを「パラメトリックイコライザー」といいます。音楽制作用のEQで多く使われるのがこれです。ちなみに、この裾野をどれだけ広くしたり狭くしたりするかの幅を「Q幅」または「バンド幅」と呼んだりします。

このQ幅を鋭くし、周辺の周波数に極力影響を与えず増減させるものを「グラフィックイコライザー」といいます。パラメトリックイコライザーと比べ、特定の音だけに絞った上げ下げをするため、調整しても変化がわかりにくいことがあります。音楽制作で使っても問題ないのですが、どちらかというとグラフィックイコライザーはライブハウスなどでのハウリング対策として使われたりします。元音には極力影響を与えず、ハウリングするポイントの周波数だけを減衰させるのに都合が良いためです。

EQの使い方

ここではパラメトリックイコライザーの使用を想定します。

目的とする音に対して足りない周波数要素を補足していきます。fig6

EQはその効果のわかりやすさから、つい使いすぎてしまいがちになります。特に人は相対的な判断が得意なので、例えば高音を上げると音が明るくなるため、まるで音が良くなったかのように思えたりします。しかし、後で聴くと明るいのではなく薄っぺらくなっていたりするケースも多く、過度に使うことはおすすめしません。

EQの使い方にはさまざまな意見がありますが、まずは足りない要素を足すというより不要な要素を引くというスタンスで調整するのもひとつの方法です。例えば高音が足りない場合、低音と中音を減衰させるという効かせ方です。そのうえで、さらに足りない分だけ少し高音を上げます。こうすることで味付けするEQの効果を最小限に留めることができ、原音の質の担保ができます。

また、原音保障という意味では、あまり過度な増減（特に増）は控えたいので、使い慣れてない場合はひとつの参考として±6dB程度の範囲で使うよう限定し、調整してみるとよいです。EQで増幅すると音圧も上がり、使いすぎるとレベルがピークオーバーし音が割れてしまうリスクがあるので十分注意してください。

fig6 好きな周波数毎に上げ下げすることができる。

3-3 コンプレッサー／リミッター

Compressor / Limiter

音を圧縮する機能がコンプレッサーやリミッターです。 fig7

ひとつの楽曲を聴いたとき、いろいろな音量や音圧が存在します。つまり、音が小さいときもあれば大きいときもあります。これは音色の特徴として、または編集上の要因で、そして演出のため……とさまざまな理由でそれぞれ存在しますが、この大小の振れ幅が大きすぎると聴きにくくなってしまいます。リラックスしながら音楽を聴いているのに、急にボリュームが大きくなったり小さくなったりすると違和感を覚えますね。そのせいで視聴者側にボリュームを上げ下げさせる事態はとても不便で避けたいことです。

そこで、ある程度音の大きさを均したいわけですが、音が大きいポイントが出現するたびにフェーダーが下がるように調整するのは大変です。そこでこの圧縮機能を使います。一定の大きさが出現したら音を圧縮する（下げる）よう処理すれば、聴いていて違和感がなくなります。

fig7 AVID社のDynamics III
（Dyn3 Compressor/Limiter）

音圧を稼ぐ仕組み

音圧とは音のパワー、密度のことです。これが大きいほうが音が大きく聴こえます。特に商業音楽の場合、大きいほうが目立って良いという考えがあり、できるだけ大きい音で鳴るよう制作依頼を受けることがあります。その際にこの圧縮の仕組みを使用します。

例えば図のような音の信号があったとします。

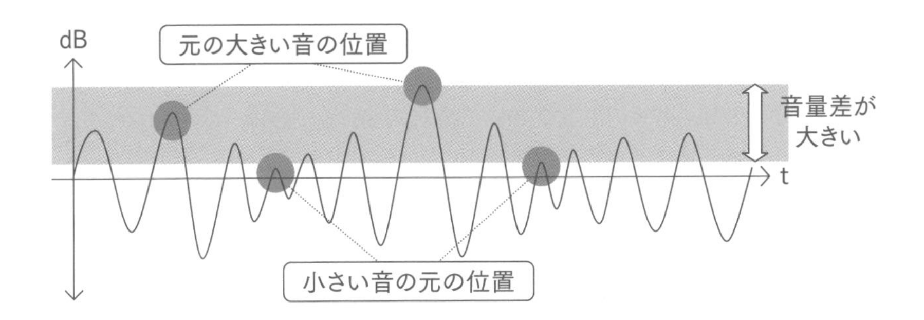

ここには大きい音と小さい音が存在します。大きい音は十分聴こえるとして、小さい音をもっと上げたいわけですが、大きい音がピークギリギリであるため、これ以上音を大きくすることができません。つまり、この大きい音がストッパーとなり他の音が上げられないということです。そこで、この大きい音だけを少し圧縮し小さくすれば、その分音を上げる余地ができるので、全体の音圧を上げられるという考えが浮かびます。こうすることで、もともと小さかった音が上がり、その他の音も大きくなり、もともと大きかった音も大きいままという形が達成できます。

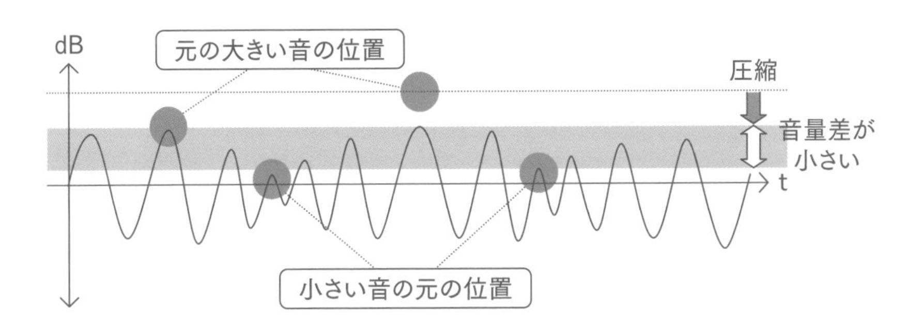

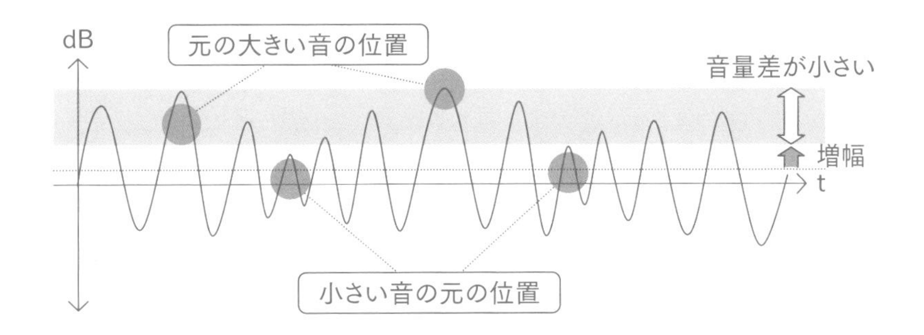

コンプレッサー／リミッターの操作

どの大きい音から圧縮をし始めるか、圧縮動作をどの程度機敏に動かすかといったコントロールをするためのパラメータがコンプレッサーやリミッターには備わっています。中には一部省略され固定された値になっているものもありますが、一般的には以下の項目が設けられています。

⦿ THRESHOLD（スレッショルド）

どの大きさの音から圧縮し始めるかを設定します。大きく目立つ音だけを圧縮したい場合はTHRESHOLDを軽めに、全体にかけたい場合は深めに設定します。

⦿ RATIO（レシオ）

どのくらい圧縮するかその圧縮の強さを設定します。例えば弱めに圧縮したい場合は2:1、強く圧縮したい場合は8:1のように、強さに応じて数値が上がっていきます。

⦿ ATTACK（アタック）

圧縮がかかり始める速さを設定します。数値が低いほど速くかかり高いほどゆっくりかかり始めます。中にはfast、slowのように表記されるものもあります。

⦿ RELEASE（リリース）

圧縮し終わる速さを設定します。数値が低いほど速く圧縮し終わり高いほど圧縮が終わりにくい状態になります。

⦿ GAIN（ゲイン）

圧縮した全体の音をどれだけ上げるかを設定します。圧縮しレベルに余裕ができた分全体を持ち上げることで、音圧を稼げることになります。

その他機材やプラグインによりパラメータの存在や表記は変わりますが、これらを駆使し、例えば「ドン」というキックをもう少し丸くしたい（アタック感が弱い音にしたい）時は、THRESHOLDを弱めにしATTACKを早めると、ドンの「ド」だけに圧縮がかかり「トン」みたいな音になるという原理です。

副次的効果

音を圧縮することで音質が変わることがあります。前述のキックの例でいうならば、「ドン」というメリハリのついた音が「トン」という丸みを帯びた音になります。言い換えると、キックの振動面に布を一枚つけたような柔らかい音になるイメージです。この効果を使うことでイコライザーではなかなか得られない微妙な音質のコントロールをすることがあります。コンプレッサーやリミッターの応用的な利用になりますが、制作現場では比較的よく使う技です。

コンプレッサー／リミッター使用時の注意点

このようにコンプレッサーやリミッターは音を圧縮します。リミッターは文字通り、定めた上限を超えないよう圧縮する目的で使われることもあります。細かく圧縮度合いを調整するコンプレッサーはチャンネルトラックに、ピークレベルを超えないよう関所代わりとなるリミッターはマスターフェーダーにと使い分けてもよいでしょう。また、最低限の設定だけでしっかりリミッティングしながら音圧を稼ぐマキシマイザーという便利なエフェクトもあります。

これらはどちらかといえば、ばれたくないエフェクトでもあるため、イコライザーなどに比べると効果がわかりにくい場合があります。人によってはかかり具合がよくわからないまま、気付かずつい強めにかけてしまう可能性があります。

一度過度に強くかけてみると、明らかに音を圧縮したとわかる独特な音になってしまいます。これは非常に心地良くない音で、例えるなら、エレベータや飛行機で高度が上がると耳が詰まったような感覚になると思いますが、急にその状態で聴いている音のような状態になってしまうのです。かけすぎると良くないのにそれがどこで起こっているか見つけにくい、というリスクを持っていたりもするので、これを使う際は最初から最後までしっかりモニタリングしてください。

コンプレッサーやリミッターは音楽制作でも非常に重要な機能で使用頻度も高いのですが、もしわかりにくい、使うことに自信がないという方は、一旦潔く使わない選択をするのも手です。圧縮された音は後で戻すことが非常に困難なため、ここでリスクを負うくらいなら慣れるまで控えたほうがよいかもしれません。

3-4 リバーブ／ディレイ

Reverb / Delay

響きや遅延をコントロールするエフェクトです。これを駆使して楽曲として表現したい空間を再現します。用途によりますが、これらはばれてもいいエフェクトです。コンプレッサーやリミッターに比べ効果がわかりやすいので使いやすいのが特徴です。

リバーブ

音に響きを与えるエフェクトです。カラオケボックスではエコーと呼ばれたりもします。fig8

音の響きを再現するために、壁や天井に跳ね返る間接音を再現しそのアーティストやバンドが演奏している空間の広さや質感を再現します。

例えば、壮大なバラードを歌う歌声に響きを与えると、広い星空の下で歌っているような世界観を再現することができ、感動が生まれやすくなったりします。しかし、かけすぎると星空でなくお風呂場になってしまうかもしれないので、こちらも控えめに使用すると良いです。

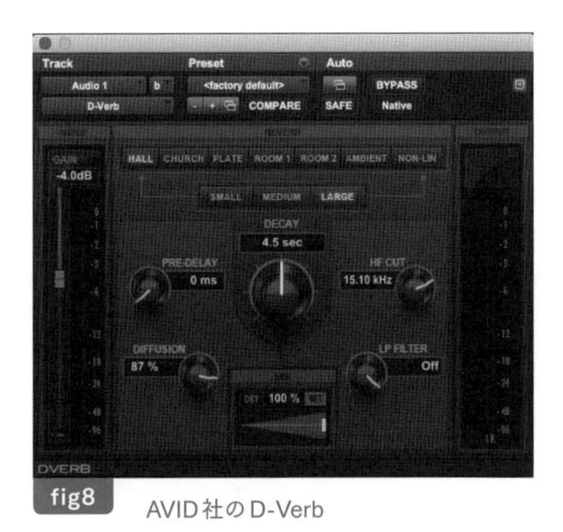

fig8 AVID社のD-Verb

ディレイ

音の遅延を再現するエフェクトです。 fig9

特に広い空間だと跳ね返った音が遅れて耳に届くことがあります。このように、音源から直接届く直接音が最初に聴こえ、遅れて間接音（反射音）が届くという遅延を再現することができます。つまりやまびこ効果です。

空間を再現することは、音が響くことといくつかの成分は遅れて届くことの合わせ技であったりするので、リバーブとセットで使うケースもあります。そのため、ディレイ自身にもリバーブをつけるとよいです。それは、直接音だけでなく反射した間接音にも響きはあるためです。このようにひと手間かけるとリアリティが増した音になります。

fig9 AVID社のMod Delay III

そして、リバーブやディレイを使うときは該当する音源のトラックに直接インサートせず、別途Auxトラック（外部入出力または補助的なトラック）にこのプラグインを立ち上げ、Bus（バス）〔音を指定するトラックへアサインする機能。ここではマスターとは別にAuxトラックにアサインするために設けています〕で送る形で使用します。

前提として、リバーブやディレイは他のイコライザーやコンプレッサーと違い、トラックごとに設定が異なるプラグインではありません。言い換えると、スネアのリバーブもギターのリバーブも基本的には同じ設定であるということです。

空間を再現するのに楽器ごとで存在する空間が異なると、狭い空間と広い空間が混在することになるので、ひとつの楽曲としてどんな空間を再現しているのか不明になります。バンドは皆ひとつの同じステージ空間にいるはずです。演出によっては、あえてその楽器だけ違う空間にするということもなくはないですが、それでも基本的には統一された空間であるはずです。

ちなみに音源トラックに直接リバーブやディレイプラグインをインサートしても効果を与えることはできます。この場合、他のトラックにも同じプラグインをインサートし設定をコピペすれば解決します。しかし、リバーブやディレイの設定は、音量や音質が変わるとそれに応じ設定を変更したりするものなので、どこかひとつのリバーブ設定を0.1dBでも変更したら他のトラックのリバーブもすべて変更しないと結局バラバラな空間になってしまいます。この操作性はとても非効率的です。また、ひとつでもコピペミスがあると意図しない空間の混在が存在してしまうリスクもあります。さらに、プラグインが増えるほどマシン負荷も増えます。

これらの事情をふまえて、リバーブやディレイは別トラックに設け、各音源からその別トラックに音を送り調整するのです。この方法だと音源がそのままマスタートラックに送られる直接音と、Auxトラックに送られる間接音を別に管理できるので、効率や正確性も高く、ミックスもしやすくなります。なお、空間は同じであっても音によって響きの量が異なることはあり得るので、極端に差がなければ音を送る量が楽器ごとに違っても問題ありません。

リバーブ／ディレイの使用例

例えば、ナレーション音源にリバーブやディレイをかける手順はこうなります。

① fig10 のように、T-1.が元音源のAudioトラックで元のナレーションの音が鳴っています。つまり直接音のみがあるトラックです。T-2.はリバーブ用Auxトラックで響きを与えた音が鳴っています。リバーブという間接音のみが鳴るトラックです。T-3.はディレイ用Auxトラックで、遅延した音が鳴っています。ディレイという間接音のみが鳴るトラックです。

② まず、T-1.は何もしないでも（デフォルト設定で）マスタートラックに音が送られています。そこに、もうひとつ別に音の出口を用意しT-2.へも音が送られるようにします。Pro Toolsの「SENDS A-E」がその出口を設ける設定欄で、Busという機能を使います。「Bus 1」でT-1.からT-2.へ送ります。この設定をするとどのくらいT-2.へ音を送るのか専用のフェーダーが出現するので自

由に調整します。

③ そしてT-2.のインプット設定を同じく「Bus 1」とすれば、T-1.の音をリバーブ用トラックT-2.へ送ることができます。

④ 同じ要領で、「Bus 2」でT-1.からT-3.へも送りを作ります。これによりディレイ用トラックへも音を送ることができます。

⑤ さらに、T-3.のディレイした音にもリバーブ効果をかけたいので、T-3.からもBus 1を使ってT-2.に送ります。

こうすることで、各設定を個別に管理しながら綺麗で統一された空間を調整することができます。もし、リバーブやディレイを複数使う場合は、その数分だけAuxトラックとBusを増やせばよいということです。

fig10

3-5 ノイズリダクション

Noise reduction

ノイズリダクションとはノイズを取り除くエフェクトです。MIDIを使った打ち込みの場合、もしくは録音環境の整ったスタジオでレコーディングする際はそもそもノイズが乗ることが少ないのですが、自宅や屋外で録音した際は不要なノイズが混入したりします。

これらのノイズはまず前提としてレコーディング時にできるだけ無くす、または入らないように録音することを心掛けなければなりません。それはノイズの一部は必要な信号にも混ざってしまっているため、100%を取り除くことは困難である場合が多いからです。つまり、リダクションをかけると少なからず音が変わる、場合によっては悪くなってしまいます。そのため、使わないのが一番です。使う場合も元音をなるべく傷つけないよう最小限の使用に留めます。fig11

fig11 Waves社のZ-NOISE

ノイズリダクションの使い方

昨今ではいろいろな種類のノイズリダクションがあります。例えば、自宅でボーカルを録音した時エアコンを切り忘れていて、「サー」とか「ブーン」といった外部ノイズが歌声に交じっていたとします。そこで、このノイズだけをまずプラグインに読み込ませノイズの成分を記憶させます。ボーカルはずっと歌っているわけではないので、歌っていないノイズだけが存在する部分があるはずです。そこを読み込ませるのです。そしてノイズ成分を抽出できた段階であらためてボーカルトラック全体を再生すると、ノイズだけが消えている、という仕組みです。

こちらも試すとわかりますが、ノイズ成分を抽出したといっても、そのノイズは一定でなく常に変化します。さらに必要な元音と同じ成分である箇所もあります。そのため、リダクションの力を強めるとノイズは目立たなくなる一方で音がわかりやすくこもったり、新たなデジタルノイズが発生したりします。こちらもあくまで補正というスタンスで使うべきでしょう。

また、この処理をする際はリダクションする前の元音を必ず残しておきます。リダクション後作業を進めていって気付くミスや制作意図の変更による処理のし直しが発生する可能性があり、いつでも元に戻せる状態にしておくことが必要です。

その他のノイズ軽減方法

ノイズにはさまざまな種類があり、必ずしもノイズリダクションだけが対策方法であるわけではありません。どれも補正というスタンスには変わりありませんが、以下の方法を選択または組み合わせることで、そのノイズに適した軽減をすることができます。

⊙ グラフィックイコライザーを使う

ノイズも音なので周波数で見ることができます。わかりやすく大きいノイズであれば特定の周波数が強く鳴っていたりするので、その強い部分の周波数だけをグラフィックイコライザーで減衰させれば目立たなくなります。

音を聴きながらグラフィックイコライザーの周波数を変化させノイズが強くなっている周波数を探し当てて減衰させます。こうすることでノイズを目立たなくすることができます。こちらの場合もノイズがいろいろな周波数帯で発生していることがあり、ノイズの周波数が本来必要とする音と同じ周波数である場合もあるので、ノイズを消す＝必要な音を消すになってしまわないよう気を付けなければなりません。どこまで必要な音を残しどこまでノイズを消すかの判断が必要です。

⦿ マスキングを使う

マスキングとは大きい音で小さい音を目立たなくするという効果です。これは、大きさだけでなく音色などでも起こり、要は目立つ音で目立ちにくい音を隠すことができます。例えばボーカルにノイズが乗っていて、ソロで聴いたら気になるがオケと混ぜ合わせるとそんなに気にならない、ギターを少し強めにするとノイズが目立ちにくくなる、のように、別の音でノイズをマスクする方法です。

取り組みやすい方法ではありますが、ノイズが目立たなくなる一方でボーカルも聴こえにくくはなるので、その程度をしっかり見極めることが必要です。あまりにノイズを消すことに意識がいきすぎると、ボーカルがほとんど聴こえなかったり、各楽器のバランスが崩れているということが起こるので、こちらも補足程度に考えておきましょう。

⦿ 波形編集で削除する

これは「プツッ」といった瞬間的なノイズの除去に有効です。一時的なノイズは波形を見るとわかりやすくその部分だけが大きくなっています。例えば、ノイズが聴こえる箇所の波形を拡大して見ると、綺麗な山と谷の振幅になっている波形の中に、ひとつだけ尖ったぎざぎざの山ができていたりします。fig 12

fig12

その際は、DAWのペンシルツールでその山を書き直したり、綺麗な山と谷の部分をコピー&ペーストしたりして、ぎざぎざの山を消します。fig 13 fig 14

この方法はノイズそのものを消すことができるのでリダクション効果は大きいですが、同時に波形そのものをいじることにもなるので編集したことがわかりやすくなる可能性を含みます。つまり、うまく編集しないと、編集したことによる新たなノイズが出現することがあるのです。これは編集する時間軸が短いほど目立たないので、永続的に発生するノイズにはあまり有効でない場合があります。

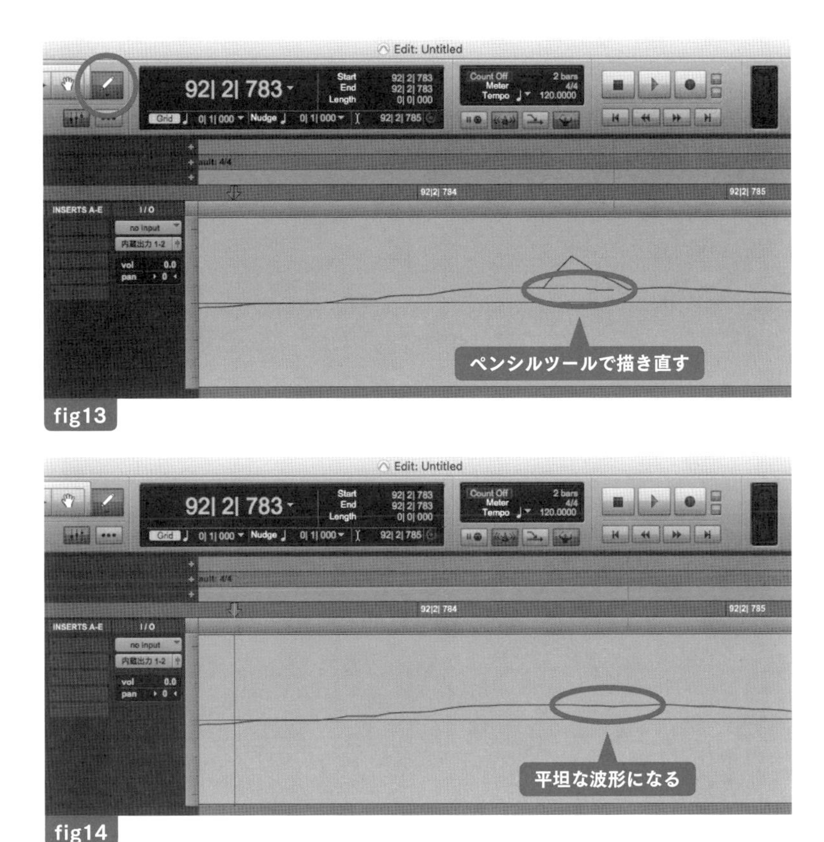

fig13

fig14

⦿ 位相を使う

位相とは周期的な波形の山や谷の現象を指します。そして、この山と谷を全く逆の振幅にすることを逆相といいます。例えば0秒から1秒までが山、1秒から2秒が谷という波形の逆相は、0秒から1秒までが谷、1秒から2秒が山という真逆の形になります。fig15

fig15

このように綺麗に真逆同士になった波形を一緒に再生すると音が打ち消し合い、音が聴こえなくなる現象が起こります。+1（山）と-1（谷）でちょうど0になり、元の音に逆相の音を当てることで音を消すことができるのです。元の音に対して逆相の音を作ることは比較的簡単で、例えば昨今のEQプラグインには位相反転ボタンがついていたりします。「Ø」というマークであったり「Phase」と表記されていたりします。

この現象を利用してノイズを消してみましょう。前述のボーカルトラックの場合、ノイズ交じりのボーカルトラック（T-1）の内、歌ってない部分のノイズの一部をコピーし新しいトラック（T-2）を作成しそこにペーストします。そしてペーストしたノイズをT-1と同じ長さになるまでコピペします。最後にT-2のトラックを位相反転させます。

この状態で両方の音を同じ音量で再生すると、コピーしたノイズ部分は全く逆相になっているので、完全に打ち消し合い無音になります。歌っている箇所もノイズ成分は似ているので軽減されればよい、という考え方です。

ただし、これも必ずしも軽減できる保証は残念ながらありません。それは同じ種類のノイズでも時間の経過と共に常に成分が変化し、例えば1秒後のノイズと2秒後のノイズは違うものであるからです。また、同じノイズ成分でも、ボーカルという別の信号が混ざることでそのノイズの波形自体が変わります。そこに、ノイズ単体から作った逆相を当てたところで効果は薄いのです。これは消せたらラッキーくらいの気持ちで手段のひとつとして持っておくくらいがよいでしょう。

⦿ ノイズをそのまま活用する

こちらはノイズ軽減というより考え方を変える方法です。消せないノイズは消せないので、それでも気になるのであれば、このノイズを演出として使えないか考えるということです。例えば、このノイズが一部であるなら、その箇所だけ古いラジオ音源のような演出にしてはどうか、のように考えてみます。当然、楽曲自体を変えることになるので対となる映像や動画との関係性や、関係各所のスタッフと確認・調整する必要があります。

3-6 ピッチシフト

Pitch shift

ピッチシフトとは音程を変えるエフェクトです。ピッチ補正と呼んだりもします。特にボーカルのように楽曲の主役になる音に使われることが多く、本来レの音階で歌わなければならないところをドで歌ってしまい、音程を上げたいときなどに使います。これを使うことで多少「歌が上手い」ボーカリストを作ることができます。

ピッチシフトの使い方

昨今ではピッチを変えるプラグインも多く誕生しています。 fig16

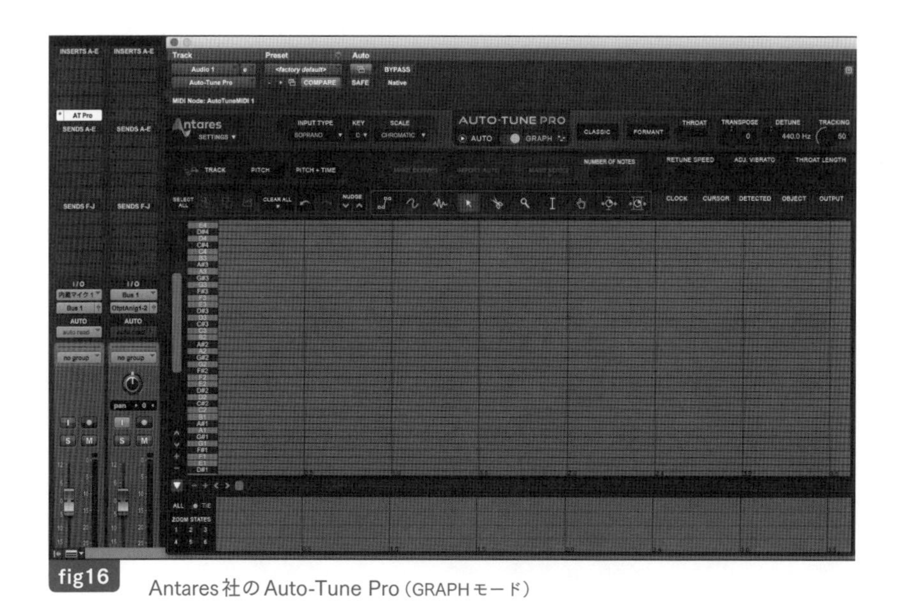

fig16 Antares社のAuto-Tune Pro（GRAPHモード）

プロのボーカリストであっても、譜面の通りの音程で歌い上げることは難しく、例えばサビの高い音程の部分が本来の音程まで半音だけ届いていないといったケースが起こります。リリースされる歌は半永久的に残る可能性があるため、できるだけ本来の音程で残したいと思います。また、単純に上手いほうがメッセージも伝わりやすくなります。そのため、レコーディングでは何テイクも録って良いところを繋げたりしますが、それでも完全に音程を一致させることは難しいことがあります。そこで、このピッチシフトを部分的に使うのです。

まず、ピッチシフトのプラグインを立ち上げ、修正したい箇所を読み込ませます。すると、現状のピッチを表示してくれるので、目と耳の両方を使って音程を上げたり下げたりできます。 fig17

また、この上げ下げをオートで補正する機能（Auto-Tune ProのAUTOモード）もあり、これにより補正作業を時間短縮することもできます。しかし、箇所によって補正効果が弱かったり強かったりと、意図と違うかかり方になることがあるため、全体に薄く少しだけ補正したい場合はオートで、特定の場所をしっかり補正したい場合はマニュアル（GRAPHモード）で行うとよいでしょう。

視覚的にもキーの上げ下げを
確認することができる
AUTO-TUNE PRO
Antares
fig17

この際も他のエフェクトと同様に、あくまで補正程度に使うことが望ましいです。使うプラグインによりますが、何音も上げ下げするとだんだん音質そのものが変わってしまうためです。過度に上げすぎるとデジタル処理されたマシンボイスのように全く別の音になってしまいます。逆にこれを利用して演出としてわざと機械的なボーカル音にする楽曲もありますが、あくまでボーカリスト本来の声で楽曲を成立させたい場合は、半音から1音程度の上げ下げに留めるようにし音質を守ります。

本来は補正を必要としないテイクを録るのが一番ですが、例えばレコーディングをする前にこのプラグインを触っておき、どの程度の可変であれば元音を傷つけなくて済むということがわかっていれば、レコーディング時においてその音が補正可能かどうかを見定めることができ、ボーカルパフォーマンスのOK判断を出す基準のひとつとすることもできます。

ピッチシフトもノイズリダクションと同じく処理する前の元音を必ず残しておくようにします。

このように、エフェクトを使うことでさまざまな表現をすることができます。

エフェクトの多くはゼロから音を生み出すというより、あるものを加工することを得意としているものが多いため、補足機能として捉えたほうがよいでしょう。ですが、これらの機能でできる範囲をあらかじめ知っておくと、レコーディングやエディット、ミックスといった各工程において、エフェクトを効果的に使うことができます。

Chapter. 4

ミックス

ミックスダウンまたはトラックダウンと呼ばれるこのミックスは、これまでしっかり録って丁寧にエディットした素材を整え混ぜ合わせる工程です。すべての音がちゃんと聴こえ、それでいて各音の役割が正しく再現され、そしていわゆる高品質になるよう、音をよく磨き整理整頓していきます。アーティストを含め制作側としてこの音で何を伝えたいか、視聴者にどう聴いてほしいかを具現化する作業です。

4-1 ミックスの必要性

Necessity of mix

レコーディングもエディットもとても大事ですが、ミックスはその中でも最もプロアマの差が出やすい作業です。人によってはミックスだけエンジニアに依頼するということもあります。一方、技術的な面で見ると、レコーディングやエディットよりも大げさな技術は必要としないかもしれません。なぜならそれよりもミックスで絶対的に必要とされるのは耳だからです。どれだけ目指す音と今の音の差分を測れるかがミックスのポイントです。

これまで録音した音をすべて0dBで並べて聴いてみても、ラフミックスした音源であっても、他の楽曲と聴き比べるとなんだか迫力がない、篭って聴こえる、まとまってない、のような感じを受けると思います。それこそがミックスの違いです。

音一つひとつを磨いて明瞭度を上げ、他の音と混ざっても粒感がちゃんと聴こえる、それでいてひとつの楽曲としてまとまっている。とても高い要求ですが、これまで労力をかけて録音、編集した音を最高の姿で魅せる重要性を理解していきましょう。

ここではChapter.2のMIDIの打ち込みで作ったBGM楽曲のミックスをしていきます。

ラフミックスで各関係者と方向性が間違っていないことが確認できたら本格的に完成に向けたミックスをします。例えば写真を撮る場合、撮影しRAWやJPGで画像を保存しますが、撮ってそのままの状態（元データの状態）が、音ではレコーディングや打ち込みを終えた状態です。撮影した画像はその後レタッチやトリミングをして明るさや色味を調整しますが、これがエディット、ミックスにあたります。

特に仕事として写真をWebサイトに掲載したりポスターにしたりして発表する際に、撮ったままの状態で使う方はあまりいないかと思います。多少明るくしたり、コントラストを調整したりし目指すイメージに合わせ見栄えを良くすることが一般的ですよね。音楽にも同じことがいえ、そう考えるとミックスをしないで世に出すことにどれだけリスクがあるか理解しやすいと思います。なお、打ち込みのみで音楽を作る場合、ノイズや演奏ミスはあまり発生しないのでレタッチやトリミング、つまりエディットの必要性は少なくなります。

ミックスではPro Tools（Pro Tools First）を使います。GarageBandでもミックスを進めることはできますが、細かいフェーダー操作やオペレーション機能、詳細を表すパラメータ、使えるプラグインの種類といった細部に違いが出てきます。ミックスは緻密な作業であるため、できるだけ操作できる機能が多く、詳細まで見て聴いてができるDAWを使うことをおすすめします。

ミックスの流れ

それではミックスをしていきましょう。まず現状はラフミックスされた状態になっています。つまりある程度の基準が存在するため、これを軸に音をパワーアップさせていきます。目指すパワーアップ後の姿は目の前にそのアーティストやバンドがいる様子を再現することです。目を瞑ってその曲を聴いたとき、まるで目の前でそのバンドが演奏しているかのようなリアリティを出していきます。言い換えるとアリーナ席の最前列のど真ん中にいるような状態を再現する、ということです。

実際に調整する項目は、定位、音質、音像（音場）、音量、音圧です。

手順としては、ひとつの音を個別調整し、整ったら新たにひとつ音を追加してその2つが混ざった状態で再度調整し、整ったらまた新たにひとつの音を追加する、この繰り返しになります。こうすることで、楽器単独でも強固、混ざってさらに強固というような非の打ちどころがない2Mixの音が出来上がります。

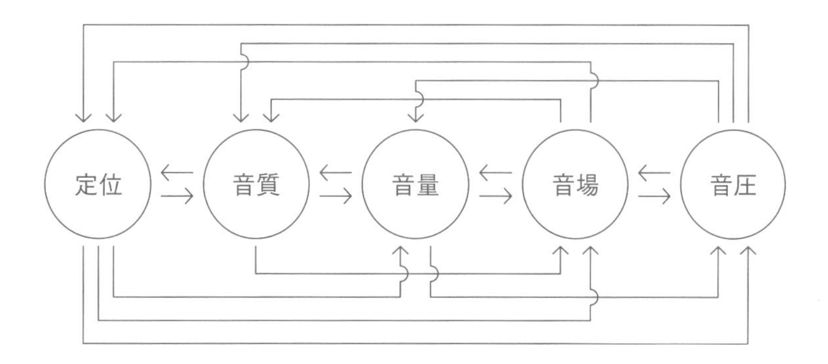

では、まずすべての楽器を一度ミュートにしましょう（すべての「楽器」であって、マスタートラックやAuxトラックはミュートしなくてよいです）。そしてひとつずつミュートを外して単独で調整していきます。そのため今回のBGMでは、まずドラムのキックのミュートのみ解除します。キック単体で音を作ったら次にスネアを単体で作り、両者を混ぜ（聴き）合わせ再び調整します。この2つの音源でミックスできたら3つ目としてハイハットを単独で音作りし、次いで前の2つと混ぜ合わせ調整するという繰り返しの手順です。

ちなみに、どの楽器から着手するかは特に決まっていませんが、ここではリズム体からうわものへという順番で行っていきます。つまりドラムまたはベースからということです。その中でもまずはリズムの中心となるドラムから着手していきます。次いでベース、そしてうわものとなるギターを混ぜ最後にボーカルという流れです。

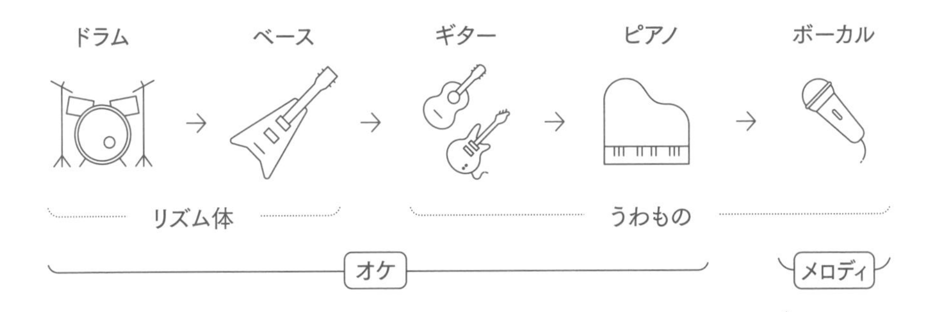

ちなみに、リズム体とうわものは家の構造に例えていたりします。家を建てる際まず必要なのは基礎となる土台です。これがしっかりしていることで壁や屋根などが派手な作りになっていても家として成り立ちます。逆にどんなアーティスティックな屋根があっても土台が脆いと崩れてしまいます。音楽では楽曲の土台となるのがリズム体、壁や屋根になるのがうわものになります。こうしてオケの一連が完成したら最後にボーカル（今回の場合はピアノメロ）を入れていきます。

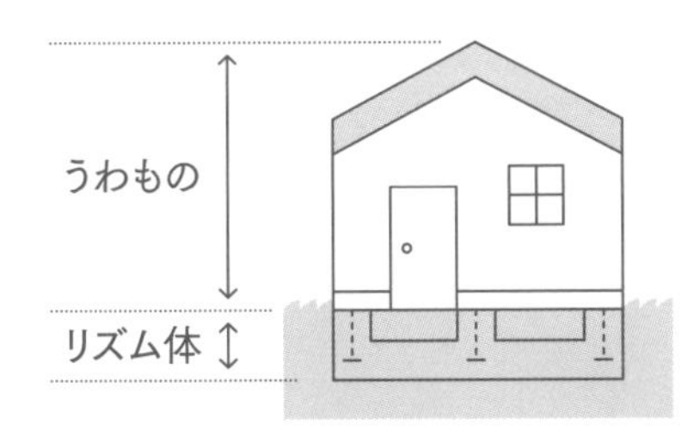

4-2 定位

Localization

定位とは音の鳴る位置のことです。主に左右の鳴り位置を調整します。普段これを意識して聴くことはあまりないかもしれませんが、世界観を演出するためには重要な要素です。

何かの映像や動画でも登場人物が常に真ん中にいるわけではありません。シーンや役割によっては右に居たり左に居たりします。そこには空間が存在するので全員が正面にいるということもありません。楽曲でも目の前にバンドがいるのであればエレキギターは右に、ボーカルは真ん中に、という定位の違いがあるはずです。この定位をコントロールするのがパン（パンニング）という機能です。パンを右に振ると音は右から、左に振ると左から鳴ります。

例えばあるバンドが演奏する際のステージ上での立ち位置をイメージしてみましょう。

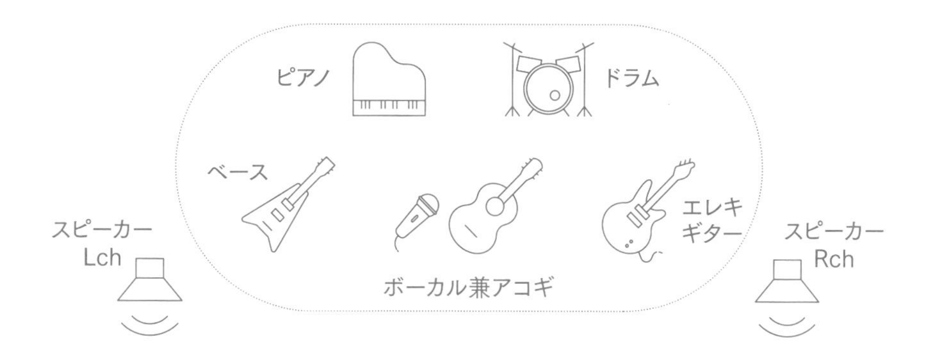

このように、主役となるボーカルが真ん中の最前線に立ち、オケとなる各楽器は左右や奥行きを考慮した立ち位置にバラけています。これを総合的するとひとつのバンドとしてかっこいい集合体になります。これが定位の基準になるわけです。しかし、アーティストが立つ「立ち位置」と実際に音が鳴る「鳴り位置」はすべてが一致するわけではありません。ライブでもそうですが、右寄りにいるドラ

ムは右のスピーカーからしか鳴らないということはないですね。つまり、立ち位置を基準にしつつも聴感上の左右のバランス（鳴り位置）を調整する必要があるということです。ステレオで聴いているのに右からの音が大きいという作りだと聴いていて違和感が出てしまいます。そのため本書では以下の図のように各楽器を定位させていきます。

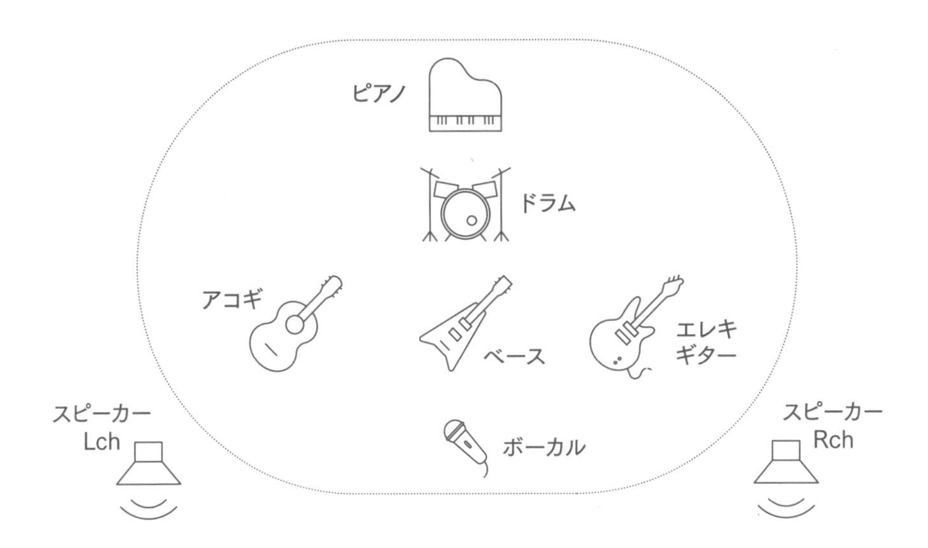

次の図のようにさらに細かく見ると、まず楽曲の主役となるボーカル（今回はメインメロディ）が最前線ど真ん中であることに変わりはありません。

楽曲の中でもリズム体となるベースは中央に定位させます。ドラムもリズム体です。ドラムはたくさんの打楽器の集合体であるため個々で調整する必要があります。中でも特にリズムのメインとなるのはキックやスネアなので、これらはセンターに近い位置が安定します。その他ハイハットやタムなどは楽器の置かれる位置に準じつつ定位を広げます。

うわものであるギターは今回エレキとアコースティックの2種類あるため、それぞれを左右に位置させます。ボーカル兼アコギであっても両者が必ずしも同じ定位である必要はありません。そしてピアノは（今回は使っていませんが）、視聴者側から見た音階の並びにしてステレオ感を出します。

このように元の楽器の立ち位置を参考にしつつも、楽曲コンテンツとして再現できる空間をフル活用し表現すると、リアル以上の演出をすることができます。もちろんこの定位も必ずしも決まったルールがあるわけではありませんので、自身が思うバランスを追及することで表現の幅が広がります。

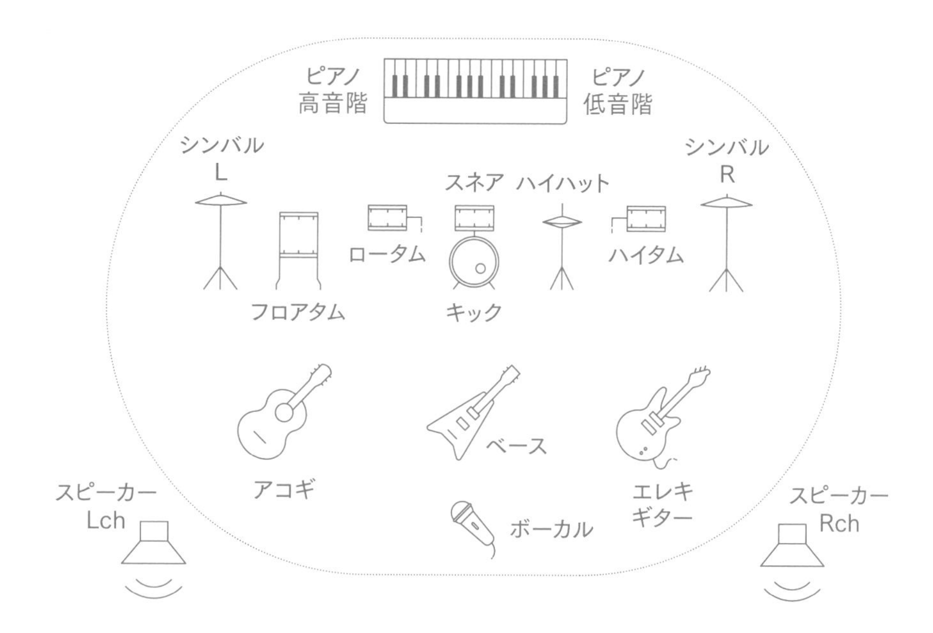

本書では、メロおよびベース、キック、スネアはセンターに定位し、アコースティックギターとエレキギターは100％左右に振り定位させています。その他、ドラムのハイハットやタムやシンバルは、これらに混じっても違和感のないよう、聴感上の左右のバランスをみて調整しています。 fig 1

fig1

4-3 音質
Sound quality

音質の調整は、聴感上のリアリティと演出を目的としています。打ち込みであれ録音した音であれ、その場で聴いている音とスピーカーから鳴る音には差があります。目の前にバンドを再現するために、その差分を補正します。

例えば、シミュレートした音のため生楽器ほどリアリティが無かったり、マイクを通したため音がこもっていたりする場合、足りない分あるいは不要な分の周波数帯をイコライザーを使って増減します。実際は「もう少し抜けるように」や「艶がほしい」といった感覚的または抽象的な表現での会話が繰り広げられたりもします。それは、楽器の種類や弾き方によって、さらには同じ楽器であってもポイントとなる周波数が変わるためで、必ず音を聴きながら該当する周波数を探しイコライジングしていきます。

また、音楽はエンターテインメントコンテンツでもあるため、例えばギターの音をより目立たせる目的で、普通に聴くよりも明瞭な音質にしたり、よりリアル感を出すためにフレットノイズ（ギターの弦の上を指が移動する際、弦と指が擦れて鳴る音）を強調したりすることもあります。

それぞれの音を目立たせる調整

よくある例を説明します。キックとベースのどちらも目立たせたい場合、両方の音量バランスを調整するわけですが、どうしても上げたほうだけ音が大きくなり、もう一方が目立たなくなるのでその分だけ上げて……と聴こえは変わらず音量だけが上がっていく状態に陥るケースがあります。

この場合、音量調整だけでは限りがあるので、両者の音において多く重なり合う周波数成分を調整するという音質面での調整を試みることがあります。キックの目立つ部分とベースの部分を周波数で見比べると異なる成分になるので、各々目立つ部分をイコライザーなどを駆使して強調し、その他の周波数成分は弱め相手に譲るということです。周波数帯ごとに棲み分けるようなイメージです。

例えば図のようにキックとベースの周波数特性を見てみます。

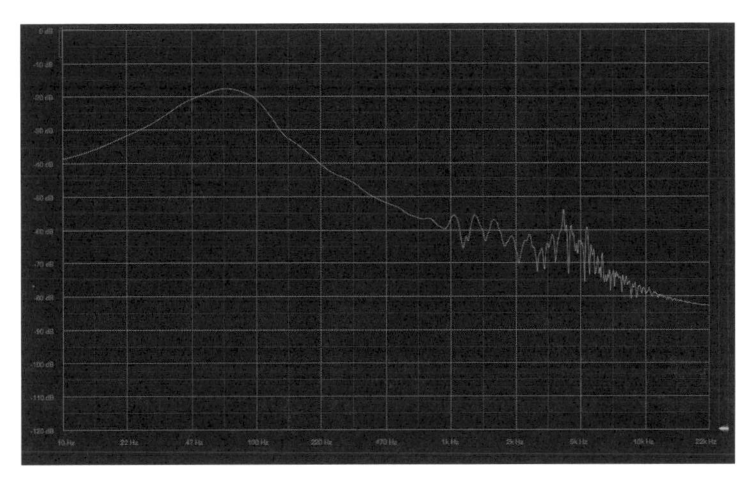

キックの周波数特性

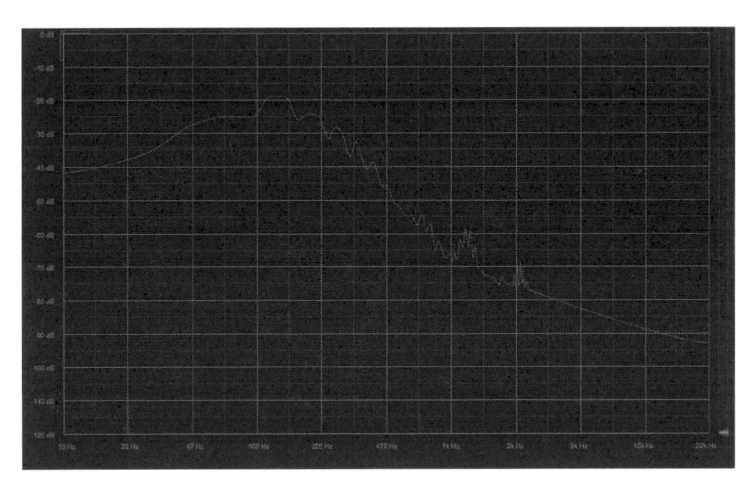

ベースの周波数特性

見比べるとキックは75Hz付近が最も目立ち、ベースは120Hz付近が目立ちます。しかし両者とも相手が目立つ周波数帯でもそれなりに大きく鳴っています。そこで、相手が最も目立つ周波数帯の大きさを少し小さくします。

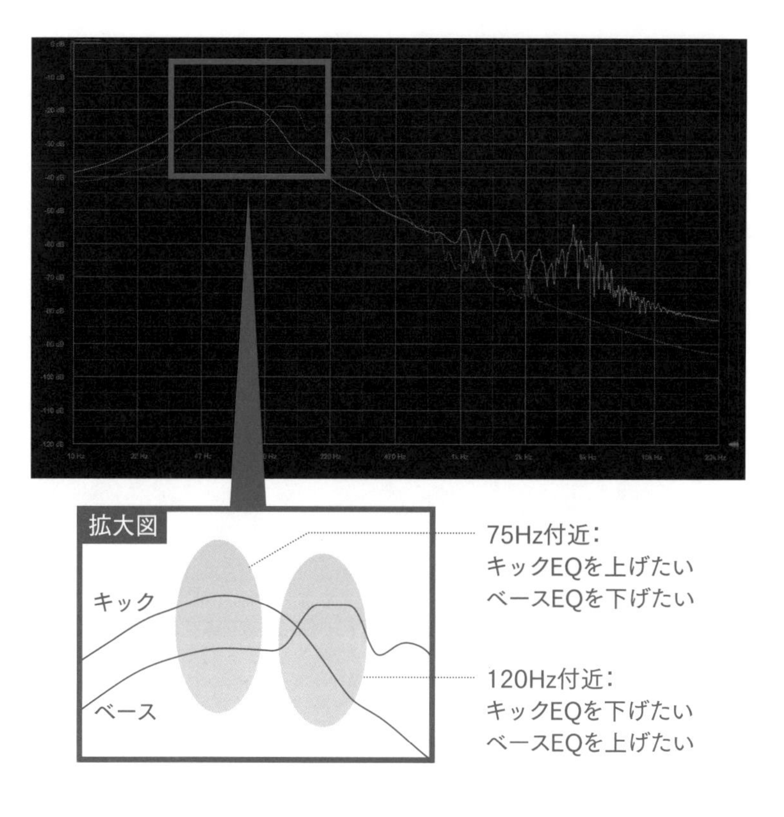

この場合だと、キックの120Hz付近を、ベースの75Hz付近をイコライザーで少し小さくしてみます。こうすることで、音量はあまり変えずお互い目立つ部分を際立たせることができます。さらに調整した分の音圧を調整するとトータルのレベルも変わらない状態を実現できます。

このような周波数特性はアナライザー（周波数を測定する機能）を使うと見ることができます。フリーのプラグインもいくつかありますが、あくまで参考程度に留め、耳で判断するための補助とするのがよいでしょう。

周波数の調整にはイコライザーを使います。 fig2 fig3

fig2 ここではキックでは78.7Hzを2dB程度上げ、125Hzを2.2dB程度下げている。

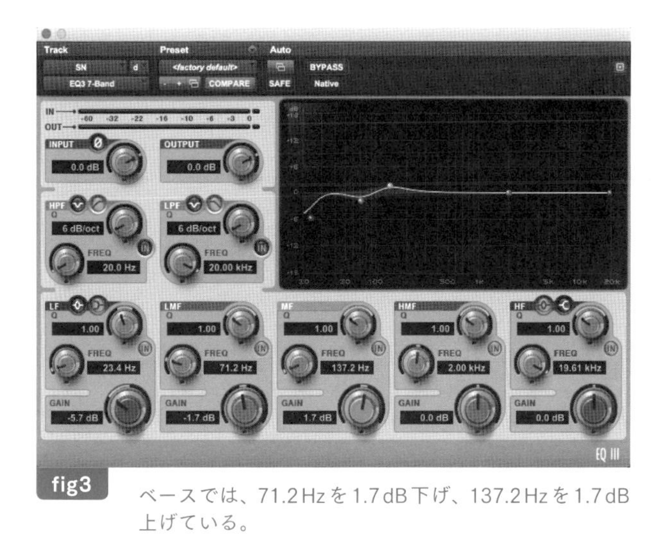

fig3 ベースでは、71.2Hzを1.7dB下げ、137.2Hzを1.7dB上げている。

このような調整をすると他の楽器とのバランスも変わるので、さらにこれを基準に周辺の周波数の増減を行いましょう。

ちなみにこの目立つ特徴は同じキックやベースでも音源により異なり、キックよりベースのほうが低い周波数で目立つこともあります。また、ギターを強調したいからということで、最もよく鳴っている数100Hzまたは数kHz付近をイコライジングしたりしますが、場合によっては目立つようになっても他の楽器とうまく混ざらず浮いてしまうことがあります。この場合、あえてギターの中でも目立ちにくい数10Hzまたは数10kHz付近の音を調整すると、他の楽器とうまく混ざりながらギターを目立たせることができます。
つまり、基音と倍音の関係で、あえて倍音だけを上げ下げしたりする方法です。特にミックスする楽器数が多くなるほど、互いに重なる周波数も増え、基音となる周波数帯が混み合ってきたりするので、この倍音をうまくコントロールし、それぞれの音が聴こえるよう調整することがうまくミックスする秘訣のひとつだといえます。
BGMとナレーションの関係も同様で、あえてBGM楽曲の周波数成分のうち、人の声が最も目立ちやすい数100Hz付近をイコライザーで減衰させておき、そこにナレーションを乗せると両方の音がよく聴こえます。この場合、BGM単体で聴くとイコライザーで減衰した分やや迫力に欠ける聴こえになることがありますが、ナレーションが乗っかり混ざるとトータルで聴きやすい状態になり、結果それが正解ということになります。

それぞれの音を混ざりやすくする調整

お互いが目立ちすぎてうまく混ざらないときはこの原理を逆に試すとよいでしょう。お互いクロスオーバーする周波数を強めたり、定位を調整して聴こえる範囲が重なるようにしたりすることもできます。また、サミングといってわざとアナログの機材に音を通し音を荒れさせ(周波数特性を変化させ)混ざりやすくする方法もあります。
音はどんな機材であれ通すことで劣化(変化)するので、一見無駄な工程に見えるかもしれないですし、むしろ良くないと思う方もいるかもしれません。しかし、音はその劣化具合がうま味となることがあります。この原理を利用して、綺麗なデジタル音をわざと劣化させ目指す音を作り上げます。そしてそれを再びデジタル音として取り込めば引き続きDAW上で音を扱うことができます。つまり、アウトボードを利用した音作りの技です。
これにより基音と倍音のバランスや音圧感が変わるので、それをミックスに利用したりします。ただし、このやり方は元に戻したり途中経過の状態にしたりすることが難しく、また、サミングしたから必ずしもうまくいくというわけではありません。手段のひとつとして、しっかり確認しながら少しずつ試しましょう。

判断基準

このように周波数成分をうまく活用することで音質を調整することができますが、これらの判断をするのは最終的に耳です。

音質を調整する際はまずその楽器単独で行いますが、そこに別の楽器が入ってくると聴こえ方が変わってきます。ミックスしているとどうしても一つひとつの音にこだわってしまいがちですが、最終的にはすべての音が混ざった状態の音を視聴者は聴くわけなので、仮にソロで聴いたときイメージする音質でなくとも、混ざった結果が良い音質になっていれば後者を正として調整します。

音楽制作全体にいえることと同じように、この音質調整もある程度理想とする音をイメージしてからイコライジングなどをします。言い換えると、実験的に上げ下げし良いものを模索するのではなく、あくまで理想とする音に対し今の音がどうかという客観的な判断で調整します。その理想が見つからない場合は、他の楽曲を参考に聴いたり、他のスタッフと確認するなどして、なんとなくでも自分の頭の中に目指す音を鳴らしたほうが良い音作りができるでしょう。

4-4 音像（音場）

Sound image

楽曲で世界観を表現する際には空間も意識します。

壮大なバラードを演出する時は広い空間、ミステリアスな時は洞窟のような奥に深い空間、バンドサウンドのときは狭めのライブハウス空間といったように、その楽曲に適した空間があるはずで、この空間を音像(音場)といいます。音に立体感を持たせることでリアリティを追求します。

音像とはその音が鳴っている空間を再現することです。そのため、広くは定位もこの項目に含まれます。場所を再現するので「音場」と呼ぶほうが筆者はわかりやすいと思っており、この呼び方を使っています。

定位では左右を調整しましたが、バンドが居るステージには奥行も存在します。音で奥行を表す場合、その楽器が奥に行けば行くほど客席に届く音は小さくなります。つまりフェーダーを下げれば再現できるわけです。しかし実際に変わるのは音量だけではありません。

音は主に直接音と間接音に分かれ視聴者の耳に届きます。直接音というのは、音源から直接届く音です。間接音は壁や物に跳ね返って鳴る残響音です。例えば、あなたがアリーナ最前列のど真ん中にいたとして、ボーカリストがステージの前に来るほど直接音がたくさん届き、次いで残響音が届きます。逆に奥に行くほど直接音が小さくなり残響音が増えます。さらに奥に行くほど音の明瞭度といった音質もこもりがちになり、残響音が届くのに時間差が生じるといった複合的な現象が起こります。これを音量調整やリバーブやディレイなどのエフェクトを使って再現していきます。

ライブステージを再現するといっても実際はそのまま再現するというよりは会場の要素を含ませて作るという感覚です。いくらアリーナの目の前にいたとしてもライブ会場ではアーティストとの間にそれなりの距離があり、その分音の明瞭度は落ちます。楽曲制作ではもっと近く、アーティストとの距離が限りなくゼロに近いくらいの感覚で作るほうが、細かいメッセージまで届けられるので、リバーブやディレイは最小限に留めます。つまり、近い分明瞭に、直接音を主成分として補足程度に間接音を混ぜるということです。

また、これら空間系のエフェクトはその効果特性から音の輪郭をぼやかす効果も持ちます。壁やら物やらにぶつかり時間と共に音が減衰するので当然明瞭度は落ちるわけです。これを楽曲の基盤となるベースやドラムのメインとなるキックにかけると音の太さや芯が失われてしまいます。また、ドラムにディレイをかけるとそもそものリズムが狂ってしまうこともあります。そのため、これらはキックやベースなど低音を主とする楽器にはそもそもあまり使わないほうがよいといえます。もちろん、これも楽曲によりけりなので決まりではないですが、参考のひとつとしてみてください。

楽器		リバーブ	ディレイ
ドラム（Dr.）	キック（Kick）		
	スネア（Sn.）	●	
	ハイハット（H.H.）	●	
	タム（Tom）	●	▲
	シンバル（Top）	●	▲
ベース（Bass）			
エレキギター（E.Gtr.）		●	●
アコースティックギター（A.Gtr.）		●	●
ピアノ（Pf.）		●	●
ボーカル（Vo.）		●	●

●：使っても問題ない　▲：場合によって若干の使用なら問題ない

4-5 音量

Sound volume

音量はさまざまな要素をコントロールすることができます。主役脇役の演出、複数の音を混ぜる割合で再現される音質、音量差による奥行き感の再現、聴感上の迫力などを意識し音量調整していきます。

音量はフェーダーで操作します。

操作性は比較的わかりやすく音楽を作っている感も実感しやすいのではないでしょうか。しかしながら、この音量調整は非常に大事です。イコライザーやリバーブなどももちろん重要ですが、音量バランスがミックスにおいては最も重要といってもよいくらいです。逆にいえば、フェーダーバランスさえしっかり整えばある程度聴ける状態になります。ラフミックスでもとりあえずフェーダーバランスだけは取りましょう。

各楽器の音量が変わるということは、他の楽器と混ざる音の割合が変わるので結果聴こえ方そのものが変わります。

例えば、Aという音とBという音をミックスする場合、AとBどっちでも鳴っている周波数があります。これをクロスオーバー周波数と呼ぶのですが、クロスオーバー周波数の量が増えれば増えるほどその部分の周波数成分は増えるので、つまりイコライザーでその周波数をブーストした効果と近い効果が得られたりします（逆に位相の関係で減る場合もあります）。

また、音量に差をつけることで距離もある程度表現することができます。遠くにある音は小さいというような音場操作です。このように音量操作ひとつでいろいろな表現ができ、またそれだけ影響力が大きい機能になるのでここはじっくり調整します。プロの業務ではこれを0.1dB単位で調整しています。

楽曲というひとつの物語の中で、どの楽器が主役でどの楽器が脇役かをある程度明確にします。場合によってはAメロとサビでは音量差の役割が変わるかもしれません。その場合は、フェーダーオートメーションの機能を使い、シーンごとに自動で音量が変わるよう設定します。

4-6 音圧
Sound pressure

音圧は音の大きさに関わります。やはり大きく聴こえたほうがインパクトが強く、特に商業音楽では高い音圧を求められます。一方で、音圧が高すぎると音が割れたり、音質や音量バランスが崩れ、そもそもコントロールができないと楽曲としての品質を悪くするリスクもあります。

音圧の調整では、音圧を稼ぐ視点と品質を担保するふたつの視点で調整していきます。

音圧とは音の持つパワーや密度を表します。

一見、音量と似ていますが別のものになります。原理として音圧が上がると聴感上の音量感も上がることがあり、連動しているためわかりにくいかもしれません。しかし、この現象は身近にあって体感しているはずです。例えば、CDでも動画共有サイトの音楽でもよいのですが、複数の曲を連続して聴いたとき、曲ごとに音量が違って聴こえたことはないでしょうか。もしくは、テレビや動画を観ていて、番組とCMでその違いを経験したという方も多いのではと思います。プレイヤーやテレビの音量は変わらないのに、聴こえる音の大きさが違うのは音圧が違うからです。

DAWのフェーダーの横や下にレベルメーターがついていますが、フェーダーが音量を、レベルメーターが音圧を表す関係になっているものも多くあります。

音量と音圧の関係

まずDAWのレベルメーターの見方をおさらいします。

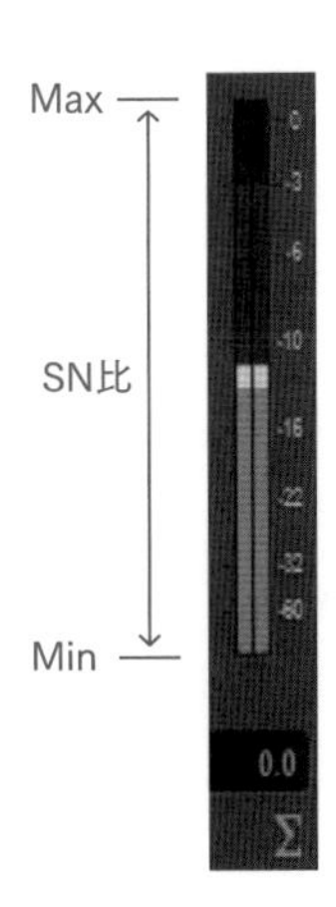

図のようにメーターでは最小値（Min）から最大値（Max）までの範囲において現状のレベルを表示しています。

最小値より低いと音は無いものとなります。最大値を超えると音は割れます。レベルメーターが何も振れてないということは音がないということであって、何もないということではありません。実際には、音はないがノイズがあるということになります。特に電気を使う場合、または何か配線をしている場合は一見気付かないレベルでノイズが発生していたりします。そのため、音楽を停止していてもボリュームを上げるとサーというノイズが目立ってきます。そこで、できるだけ信号をたくさん入力し、このノイズが目立たないようにしたいわけです。大きい音で小さい音を聴こえにくくすることをマスキングといいます。また、この信号とノイズの割合をSN比といいます。SはSignal（シグナル）、NはNoise（ノイズ）の比という意味です。たくさん音が入力されているとノイズが目立たずしっかり音が聴こえるので「SNが良い」などといったりします。

さて、仮にSNが良くない信号がありプレイヤーで聴くとします。信号が小さいのでボリュームを上げますね。そうすると信号が大きくなると共に、サーというノイズも大きくなります。それを回避するために、たくさんの信号をメーターに入力しておけば、そもそもボリュームを大きく上げる必要がないため、サーというノイズも小さいままで済みます。

このメーター量が音圧であり、ボリュームが音量であるため、両者の関係は深いが別物になります。つまり、聴感上の音量を上げたいのであれば、まず音圧が高いものになっているか確認し、次いで音量で上げるという流れだと品質の高い音を作ることができます。

DAWにおけるチャンネルフェーダーとマスターフェーダーの関係も同様です。

マスターでレベルが低いからといってマスターレベルを上げるのではなく、マスターは動かさずチャンネルフェーダーを全体的に上げることで良い音になるのです。
　そして、ここで使うエフェクトがコンプレッサーやリミッターです。マキシマイザーといってリミッターをより使いやすくしたエフェクトもありますが、いずれも音圧を操るエフェクトになります。

SNが良くない場合

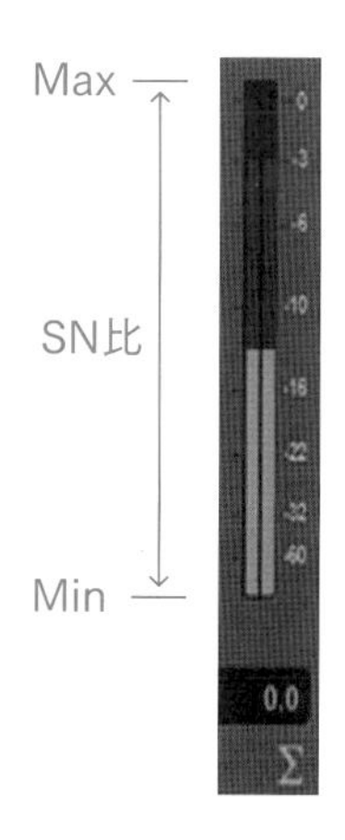

SNが良い場合

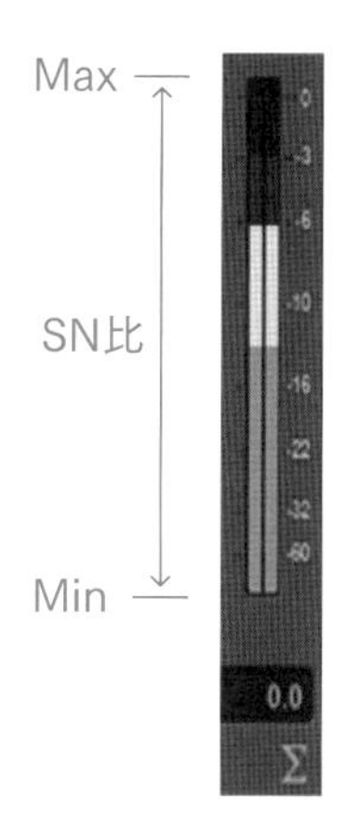

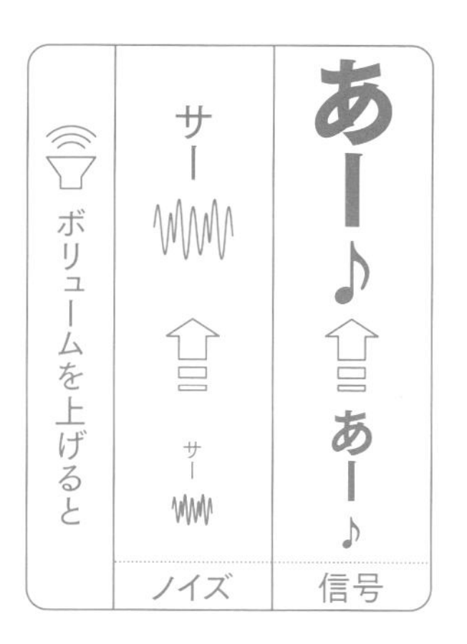

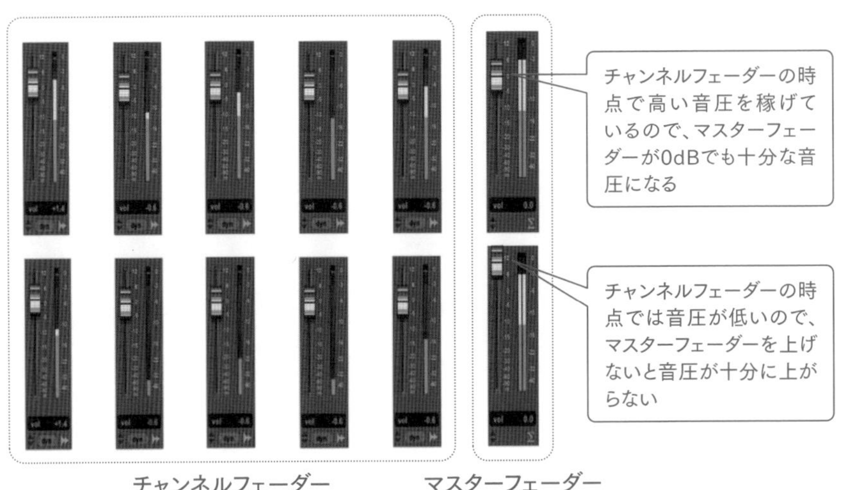

チャンネルフェーダーの時点で高い音圧を稼げているので、マスターフェーダーが0dBでも十分な音圧になる
チャンネルフェーダーの時点では音圧が低いので、マスターフェーダーを上げないと音圧が十分に上がらない
チャンネルフェーダー
マスターフェーダー

音楽制作において音圧に最も注意しなければならないのはマスターフェーダーです。最終的に割れているか割れていないか、SNが良いか悪いかは、視聴者が聴く状態に近いマスターが重要になります。もちろん、チェンネルフェーダーにおける音圧もとても大事で、ここの時点ですでに音が割れているとマスターで下げても、ただ割れた音が小さくなるだけになります。

そして、このマスターで使う音圧系のエフェクトがリミッターまたはマキシマイザーです。これを操りできるだけレベルメーターが満たされる状態を作り出します。極論をいえば100％を超えなければ音は割れないので、99.999％まで信号を満たしたい考えです。しかし、実際にはメーターは常に上下し一定ではないためここを目指すにはリスクがあります。そのため若干のバッファを持たせ、まずは安全第一で作ります。万が一でも音が割れてしまってはいけないためです。

また、エフェクトも使いすぎるとそのエフェクト特有の音のキャラが出てしまったり、機械的な音が目立って音が悪くなってしまったりする場合があるので、まずはチャンネルフェーダーでしっかりマスターを8～9割程度を満たし、足りない1～2割をエフェクトで持ち上げるという手順で行うと良質な音が作れます。

4-7 落とし、検聴、最終確認

Track down, Sound check, Final check

ミックスが完了したら完パケしたひとつのオーディオファイルとして書き出します。GarageBandでは「書き出し」と、Pro Toolsでは「バウンス」といいます。またこの行為自体を「落とし」と呼んだりもします。作業としては映像や動画の書き出しと同じで、書き出し範囲を設定しスタートすることで自動的にファイルが出来上がります。

落としの設定

本書では以下のように書き出しています。

ファイルタイプ	WAV
フォーマット	インターリーブ
ビットデプス	24ビット
サンプルレート	48kHz
ディレクトリ	デフォルト設定(①)
オフライン(②)	チェックをしない

① ディレクトリとはバウンスしたファイルの保存場所です。デフォルト設定では、最初に作ったセッションフォルダの中に「Bounced Files」というフォルダが自動的に作られこの中に書き出されます。

② 書き出し方を指定します。
オフラインにチェックをしないと、実時間と同じ時間をかけ書き出します。つまりオンライン状態でバウンスされます。最初から最後まで実際に音が再生されるのでその分時間はかかりますが、バウンス中に音を聴くことができ品質も良く書き出せるメリットがあります。

オフラインにチェックを入れると、実際に音は再生されず書き出し時間も短く処理されます。その分、品質はやや落ちることがあります。
特に商業用途であれば、品質を担保し確認精度も高めたいのでオンライン状態でバウンスします。

ここでひとつ注意したいのは、いずれにしても丁寧に確実に書き出すということです。これまで細かい作業の連続でようやく完成させたことで、その疲労と安堵感からつい力を抜いて気軽に書き出しをしてしまうことがあります。しかし視聴者はここで書き出されたファイルを聴くわけで、そのために我々はたくさんの時間をかけ制作してきたわけです。書き出し範囲や設定が違っていたり、使うべきプラグインや機能がオフになっていたりと、書き出しエラーが発生してはすべてが台無しになります。作った100%をファイルに詰め込めるよう、最後まで気を張っていきましょう。帰るまでが遠足ならぬ相手に確実に納品するまでが制作です。

ちなみにエンジニアの中にはマシンパワーのすべてを落としのために割くよう、他のアプリケーションを使わないのはもちろんのこと、部屋の照明やエアコンなど消せる電源はすべて消してバウンスする人もいるくらいです。

検聴

書き出しが完了したら必ずすべてを聴きます。高スペックなデジタル処理であってもまれにノイズが発生していたり、ビット落ちのように一瞬音が飛んでいたりする場合があるからです。

制作の基本は、何か作業したら聴く、の繰り返しで、最後の落としでも同様です。中身を見ていないものを相手に納品するのはとても不安ですよね。また、最終的な検聴をする際もできれば複数回聴くことをおすすめします。同じスピーカーを使って音量が大きいときと小さいときで聴いたり、イヤホンやヘッドホン、ミニスピーカーを使って聴いたりと、視聴者が実際に聴くであろう環境をいくつか想定し、多角的な視点で検聴すると確実な確認をすることができます。

最終確認

コンテンツは完成したので後は相手へデータをパスするための最終確認です。ファイル名やファイルの渡し方、宛先などを確認し送付します。そして、相手が受け取ったことを確認したら終了です。

Chapter. 5

効果音制作

人やモノ、コトが存在するということは、そこから発せられる音が大小問わず存在します。例えば人が椅子に座るという動作ひとつを取っても、椅子を引く音、腰かける音、重さで椅子が軋む音といったようにいろいろな音が鳴りますね。このように、日常はあらゆる生活音や環境音で溢れています。

映像や動画においては、戦闘シーンでの刀がぶつかり合う音や、実際には聴こえるはずのない宇宙空間で爆発するような音まで、そのシーンを印象づけるための演出として効果音がつけられることがあります。また、効果音に限らず動画の始まりにタイトルとして入れるジングルや、ちょっとしたきっかけ音も必要になることがあります。

一つひとつの音はBGMと比べ短い尺であることがほとんどですが、数でいえば楽曲数よりもずっと多く必要になります。そのため、世の中には効果音の音源素材が溢れていますが、そこから画にマッチする音を見つけ出せるとは限りません。そこで、ここでは自らが望む音をゼロから作り出すための手法を紹介します。

5-1 効果音の役割

Role of sound effects

例えば人が外で歩きながら話しているシーンをイメージしてみてください。セリフ以外に、街の騒音や足音、季節や天候によっては虫の鳴き声や雨風の音など、さまざまな音が存在し得ます。現実世界ではこれらは時にセリフよりも大きい場合がありますが、映像や動画作品ではあくまでセリフを立たせ、その以外の音は補助的に存在させるケースがほとんどです。そして、この補助的という立ち位置が重要で、補助とはいえ無いと違和感が出てきます。これは効果音がリアリティを引き立たせる要素であることを意味します。

セリフと効果音を個別にコントロールするためにはどうしたらよいでしょうか。それは、それぞれ別の音源として用意することで、自由に調整することができるようになるのです。

ロケでそのシーンを収録する際、多くはセリフを狙ってマイキングするため、周辺の音は同じマイクに小さく混入する程度です。これだけではセリフと効果音を自由自在に調整することはできません。では、セリフ用とは別にマイクをもう一本用意して効果音を録音したらどうでしょう。最もリアリティのある本物の効果音を録ることができ、これはこれで有効な手段のひとつです。しかし、それでも足音、車の音、虫の鳴き声、周りの騒音などがひとつに混ざった状態であり、さらに演者が複数いる場合はマイクで追いきれないかもしれません。

そこで、本章では、コンピュータを用いてゼロから効果音を作り出す手法を紹介します。実際に別録りする手段と、コンピュータで作り出す手段の両者を持ち合わせることで、臨機応変に対応することができ、表現の幅がより広がります。

リアリティについて少し掘り下げてみると、街の騒音とひとつとっても、なんとなくざわざわしていればよいというものではありません。例えば新宿の街の音と渋谷の街の音は違います。同じ都市部であっても、街を行き交う人や年齢層、時間帯、ビルの数や高さ、存在するお店の種類などにより街の音が変わります。同じ街でもエリアによって違いますが、日中の新宿であれば高層ビル街が象徴するように、スーツを着たビジネスマンが多く行き交い、営業や交渉の会話が繰り広げられます。周りのビルの高さも非常に高くその数も多いため、音が広く長く反射します。さらにビル街には繁華街のように多くの路面店があるわけではないので、宣伝や呼び込みといった音はそんなに多くありません。車も比較的普通車が多かったりします。一方日中の渋谷は、ショッピングや観光を目的とした若年層が多く、新宿よりビルは低層であるものの数が密集しているため音は広がりにくく、路面店も多いため宣伝や売り買いする声、店内から漏れるBGMなどで溢れています。さらに大型車やバイクも多く、ここでも新宿とは音が異なります。

このように、現実でもさまざまなように足音はこれ、街の音はこれというように決まっているわけではないので、補助的でありながらその役割をしっかり果たすだけのリアリティを担保することを心掛けましょう。細部に気を配ることで、さらに高い精度で音を再現することができます。

なお、本章では動画 fig 1 に付けるための足音を作ることを条件とし、DAWはGarageBandを使用します。動画はダウンロードいただけます(p.7参照)。動画ファイルをDAW内にドラッグすると自動的に読み込ませることができます。fig 2

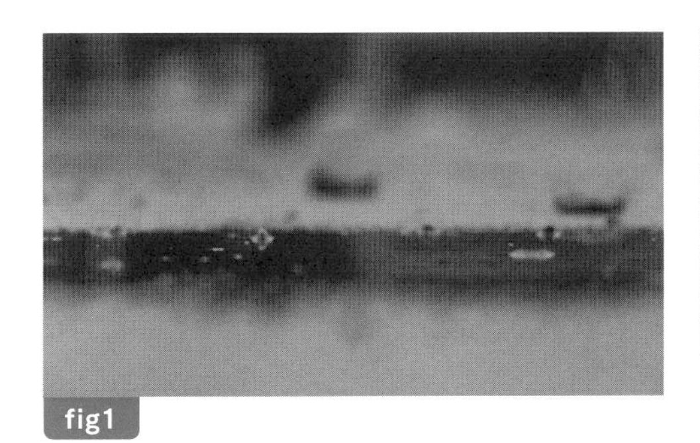
fig1

fig2

動画素材	■ DEMO_FootstepsMovie.mp4 足音をつけたい動画

5-2 イメージに近い音源のセレクトと組み合わせ

Selection and combination of sound sources close to the image

先に述べたようにDAWには多くの効果音素材が用意されているので、そこから探してうまく見つかれば効果音問題は解決します。しかし、あまりにも多岐に渡る効果音の中から該当する音を探し出すことは時に困難ですし、時間をかけて探しても自分が望む音に100%マッチする素材があるとは限りません。そこでMIDIを使い実際に音を打ち込むことで、最もイメージに近い音をゼロベースで作っていきます。

音のイメージ

制作に入る前に正解となる音を頭の中で想像しましょう。

まず足音とはどのような音で構成されているかを考えます。一歩踏み出す動作だけをみても、かかとが地面につく音、次いで足の裏がつく音、そしてかかとが地面から離れる音、そして足の裏が離れる音といった複数の音が存在します。人によっては摺り足のように歩くこともあるでしょう。また、靴の素材や地面の種類によって、コツコツ、ペタペタ、ドシドシのように音が変わります。こういった状況を総合的に考え、今回の動画の足音として正解となる音を想像します。

今回は、アスファルトの地面に革靴など固めのソールが接地するイメージで作っていきます。さらに、動画では雨が降っており水たまりもあることから、地面を踏む際には「びちゃ」という水の音も少し混ざります。そして、空間も想像してみて、仮に周りを団地のようなコンクリート製の建物に囲まれた広場であることを想定し、足音が少し響くような演出も付加します。足音の再現については、今回最低限の音数で表現するため、かかとが地面につく音と足の裏が地面につく音の2つで構成していきます。

このように具体的な音を想像しゴールイメージを明確にしたうえで作り始めることで、より正確な効果音が出来上がります。なお、ビジネスにおいて音を想像する際は、監督や作家、プロデューサーといった作品に関わる主要スタッフとコミュニケーションしてイメージを明確化します。

音源のセレクトと組み合わせ

まずはイメージに近い音をMIDI音源から探します。GarageBandには足音専用の音源はないので、ほかに似た音や近い音がないか探します。今回「コツコツ」という足音を作りたいので、ギターやピアノといったメロディラインを奏でる音よりは、ドラムのようにアタック音が強い音源のほうがイメージに近いという想定がひとつできますね。そこで「Drum Kit＞SoCal」をセレクトしMIDIでキックを打ち込みます（MIDI音源を使った打ち込みは「2-4.オリジナル作曲」を参照）。

動画の歩幅に近いよう、一小節目の1拍目に16分音符で一発：かかと用として fig3 、16分音符分ずらしてさらに一発：足の裏用として fig4 打ち込みます。これが一歩になりますが、この2発は別々のトラックで用意します。後で編集する際、かかとと足の裏では別々の処理をするためです。

また、この時点ではまだ動画と足音がリンクしていなくて構いません。

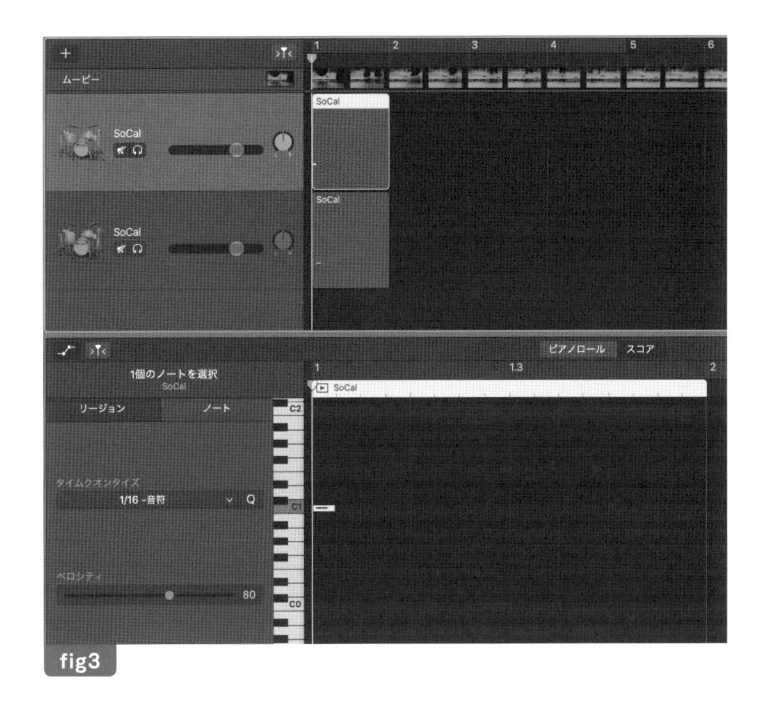

fig3

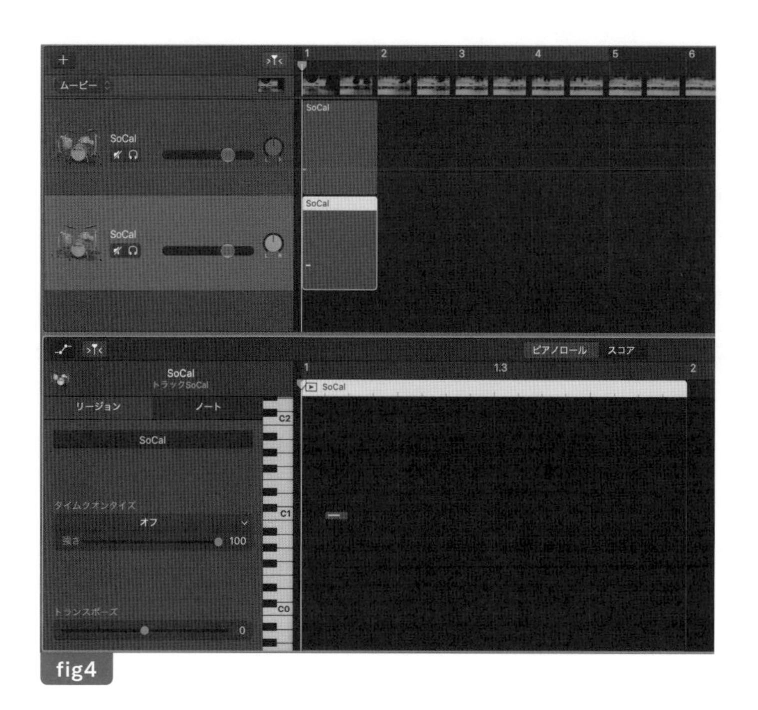
ムービー
SoCal
SoCal
SoCal
SoCal
ピアノロール
スコア
SoCal
トラックSoCal
リージョン
ノート
SoCal
タイムクオンタイズ
オフ
強さ
100
トランスポーズ
0
C2
C1
C0
fig4

5-3 リアリティの向上
Improving reality

この時点では足音となる素材が並んでいるだけの状態です。ドラムのキックがそのままドンドンと鳴っているこの音にさまざまな加工を施し、足音に聴こえるリアリティを出していきます。

ここで使用するのがエフェクトです。これまで音楽制作やミックスでもいくつか用いてきましたが、少し思考を変えて使います。これまでは原音を尊重し、エフェクトは補完という立ち位置でした。それは、ゼロをイチにするという「生み」のためではなく、イチをジュウに「成長」させる目的だったためです。しかし今回はゼロイチのためにエフェクトを使います。

原音そのものがまだ出来上がってないため、エフェクトもMIDIの打ち込みと同じ立場で元音を作るための手段にします。つまり、イコライザーでばっさり低域や高域をカットしようが、キックにギターアンプシミュレーターをかけようが、目的を果たすためには手段は何でもありという考えです。従来の使い方から離れ、エフェクトの機能と名称に縛られることなく、何でも自由に使いこなす発想で取り組みましょう。

プラグインの使い方

エフェクトにはPro Toolsと同様にプラグインを使います。まずエフェクトをかけたいトラックを選択します（例えば該当するトラックのフェーダー下の空白欄等をクリックすると選ぶことができます）fig5-①。

fig5 トラックを選ぶと色が反転し選択したことが確認できる。

次いでSmart Control fig5 -②をクリックすると、画面左下に専用のメニューパネルが表示され、「プラグイン」が選べるようになります。何も設定してないとまだプラグインリストは空です。fig6

fig6

ここから追加したいプラグインを選びます。fig7

fig7

仮にChannel EQを使いたい場合は、「EQ＞Channel EQ」と選択していきます。選択が完了すると自動的に該当するプラグインが表示されます。 fig8

fig8 プラグインの効果を無効にしたい場合は、プラグインのオンオフマークをクリックする。

あとは、実際に音を聴きながら自由に周波数を上げ下げし求める音を完成させていきましょう。 fig9

fig9 Channel EQのコントロール。横軸が周波数を表し右に行くほど高音を、左に行くほど低音を制御することになる。縦軸は音の大きさを表す。上に行くほど増幅を、下に行くほど減衰を制御することになる。

さらに新たなプラグインを追加したい場合は、今作ったプラグインリストの下に同じ手順でどんどん追加していきます。

個別のエフェクト処理

かかとと足の裏では当然音が異なるため、それぞれの音源に対し別のエフェクトを施します。

本書では以下のようにエフェクトを施しています。

かかと用キック

	Frequency	Gain	Q
Channel EQ	136Hz	-22.5dB	1.40
	380Hz	+7.0dB	0.60
	1320Hz	+7.5dB	0.93
	1580Hz	+18.0dB	0.60
	5600Hz	-16.0dB	0.71

Bass Amp Designer	Gain	3.4
	EQ BASS	10
	EQ MID	0
	EQ TREBLE	0
	MASTER	2

ここでは、かかとの硬さを出すためにイコライザーを使い、コツという音の短さとかかとの質感を出すためにベースアンプシミュレーターを使っています。

fig10

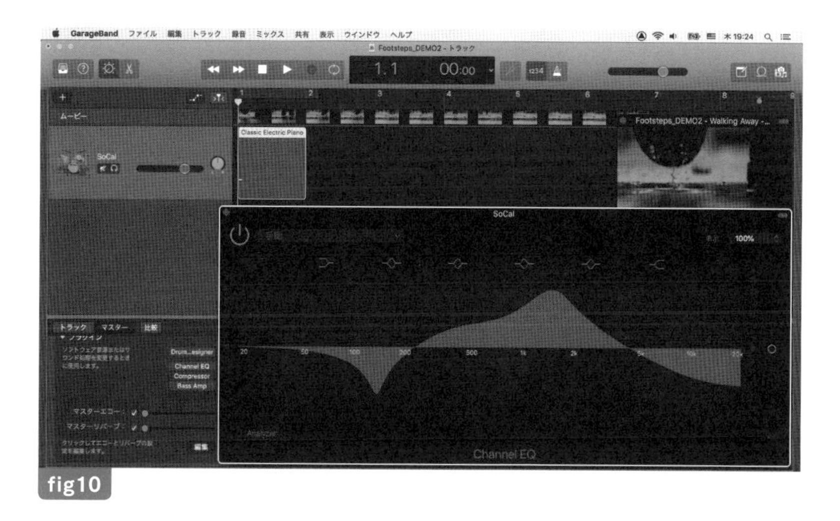

fig10

足の裏用キック

	Frequency	Gain	Q
Channel EQ	380Hz	+7.0dB	0.60
	800Hz	+8.5dB	0.60
	1440Hz	-22.0dB	0.71
	2750Hz	+9.5dB	0.93
	5600Hz	-16.0dB	0.71

Bass Amp Designer	Gain	3.4
	EQ BASS	0
	EQ MID	0
	EQ TREBLE	10
	MASTER	2

VocalTrf	Pitch	0
	Format	+9

ひとりの足音と考えると、かかとであれ足の裏であれ同じ靴の素材であることから、基本的には同じイコライザーとアンプシミュレーターを使い音質の統一感を持たせています。ただし、かかとより足の裏のほうが硬さが弱くペタペタという質感になるよう調整しました。さらにボーカルトランスフォーマーを使用し、雨水を含んだ音にするようエフェクトを施しています。fig11

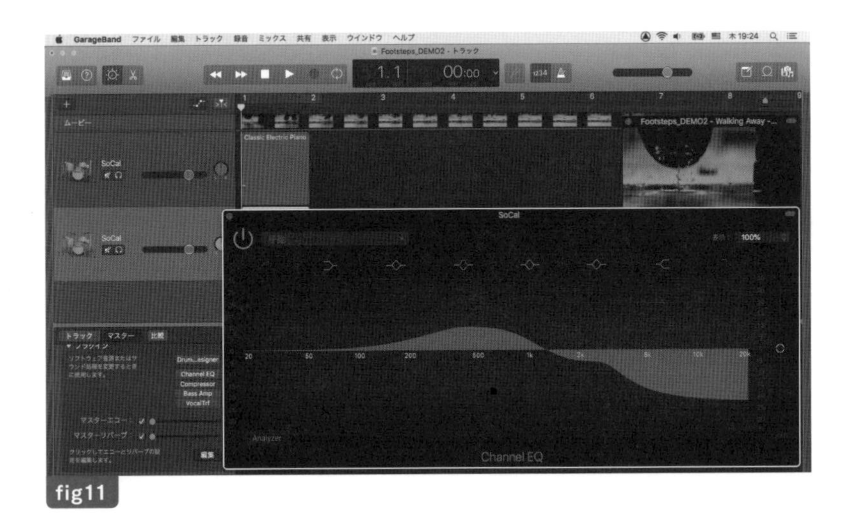

fig11

全体のエフェクト処理

個別でのエフェクト処理が完了したら、次いで全体にエフェクトを施し質感を整えます。現状のままでは両者に同じエフェクトをかけることが難しいため、一度ふたつの音を混ぜたオーディオ状態で書き出します。

書き出し方法は、「メニュー＞共有＞曲をディスクに書き出す」から設定できます。ここでは、保存場所はデスクトップ、ファイル形式はWAVE、音質は非圧縮24ビットで書き出しています。

次いで、書き出された音源ファイルを再びGarageBandにインポートします。これは書き出したファイルをDAWにドラッグすれば自動的に読み込まれます。fig12-①

なお、MIDIでドラムのキックを打ち込んだ2つのトラックはもう再生しないのでミュート（音が出ないよう）にします。fig12-②

fig12

ここからゴールに対しさらに足りないまたは向上させたい要素を付加していきます。

本書では次のようにエフェクトを施しています。

書き出しで再びインポートしたオーディオファイル

Compressor	Compressor Threshold	-40.5dB
	Ratio	8.0:1
	Attack	200.0ms
	Gain	0.0dB

	Frequency	Gain	Q
Channel EQ	100Hz	+13.5dB	2.20
	136Hz	+5.5dB	3.20
	455Hz	+7.0dB	0.71
	2600Hz	+9.5dB	0.71
	3900Hz	-16.0dB	0.71

	Frequency	Gain	Q
Channel EQ	37.5Hz	+17.0dB	0.60
	152Hz	+7.5dB	1.00
	440Hz	+7.0dB	0.30
	2250Hz	-18.5dB	1.00
	2400Hz	0.5dB	0.20

VocalTrf	Pitch	-24
	Format	+13

PlatinumVerb	Predelay	10ms
	Reverb Time	2.95sec
	High Cut	6000Hz
	Speed	100%
	Dry	100%
	Wet	10%

最終的な靴とアスファルトの質感、歩くたびに微妙に変化する足音の揺れ、そして周りに響く音、これらを総合的に調整しています。

同じプラグインを複数回使う理由は主に2つあり、1つは操作性の点からです。
パラメータが多くなるほど今までの設定が把握しにくくなるため、例えば低音と高音の両方を細かくEQで上げたい場合、1つ目のEQでは低音に特化し細かく調整していき、2つ目のEQで高音だけを調整していくというように、使い分けることもできます。また単純にパラメータが足りなくなった場合に追加することもあります。
2つ目の理由は音質担保です。例えば大幅に何かのパラメータ値を変えたい場合、ひとつのプラグインで一気に変化させると、変化する精度が荒くなったり、そのプラグイン特有の音が出やすくなったりすることがあります。これを軽減させるために、わざとプラグインを複数回かけることで徐々に変化させ、不要な音質の変化を避けることがあります。

この状態で一度プレイバックしてみましょう。
濡れたアスファルトの地面に接地する固めの足音がうまく再現できていれば原音としては完成です。完成の確認ができたら、このオーディオファイルだけを再び書き出します。ここでかかとだけ、足の裏だけと個別変更したい場合はMIDIの状態に、全体として変更したい場合はオーディオの状態に戻り、再び編集処理をします。

5-4 演出

Direction

原音をより有効に活用し、さらなるリアリティを追及していきます。足音そのものは完成しているので、画に合うよう音のタイミングを合わせ、さらに音源の移動に合わせ音の変化を演出します。

タイミング合わせ

厳密にいえば人は一歩一歩全く同じリズムで歩くことは少ないですが、本動画ではその細かい点は割愛し、おおよそ同じリズムで歩いていることと想定します。つまり、今作った音を再びインポートし、画に合わせ歩数分だけコピー&ペーストして使っていきます。

コピー&ペーストする量が多くなったら、まずおおよそ等間隔でペーストし、実際に全体を聴きながら、違和感のあるズレだけを修正していくのも効率的です。

また、細かいタイミングという意味でいうと、画を見ながら音を配置すると、どうしてもわかりやすい画に合わせて同期しがちになります。もちろんそれが正解である場合もありますが、足音でいえば、本来足が地面に接地したタイミングがそのまま音の聴こえるタイミングではありません。足の裏と地面がぶつかり音が発生し、それが空気によって伝達され聴こえるわけなので、実際の音は画よりコンマ何秒遅れて聴こえるはずです。こういった細かいリアリティの追求も実はクオリティを上げるひとつの要素だったりします。

fig13

今回は fig 13 のように、ここではあえて3つのトラックに分けそれぞれ配置しています。

動画では、手前から奥に歩み、奥まで行きつくと左に曲がっています。奥行きという軸で見ると、音源が手前にあるほど直接音が大きく、響きなどの間接音が少ない状態となります。そして離れていくにしたがって、その比率が逆になります。さらに、音質も高音や低音が目立たなくなり音の輪郭が不明瞭になっていきます。また、音量も下がっていきます。これらをコントロールするために、手前用、中間用、奥用に3つのトラックに分けています。

演出

音楽のミックスと同じように定位、音質、音場（音像）、音量、音圧の軸で細部を整えていきます。

まず出だしは画面の右側に音源が位置するため、定位を右よりに調整します。fig 14

fig14 画に合わせ、やや右寄りに音が鳴るようパンで調整している。

また、奥用の足音トラック（Footsteps_DEMO3）には定位のオートメーションをかけています。見本の動画では、後半にかけて人が右から左へと移動しています。足音の定位もそれに合わせ右から左へと変化させたいため、パンが自動的に変化するよう設定するのが定位のオートメーションです。

オートメーションは「メニューバー＞ミックス＞オートメーション」から表示することができます。今回、定位を動きを自動で変化させたいため、オートメーションの項目から「パン」を選びます。 fig15

fig15

すると現在の定位の動きが線で表示されます。ここでは、左右の軸が上下で示されており、線が下に行くと定位は右に、上に行くと左になります。

画に合わせ定位を右から左に移動させたいため、該当する位置から時間の経過と共に定位変化する様を設定します。設定したら必ず聴き、違和感なく画と同期しているか確認します。

次いで音質です。手前の音は音が明瞭であるため、アタック音をより強調したり、あるいはそのままでもよいです。中間になると徐々に低音や高音が弱くなり、奥へ行くとさらに弱くなります。

ここではEQやCompressorなどを使い、「全体のエフェクト処理」で紹介したような設定で質感を出していきます。手前、中間、奥と3つのトラックに分けていても、同じ地面と同じ靴が鳴っているため、基本的には同じエフェクト処理にしています。

これを元に、音源が離れれば離れるほど低音や高音といった明瞭度が落ちてくるため、EQでの処理を少しずつ変えています。特に明瞭度という点で、本書では主に高音域を以下のように変化させました。 fig 16

足音手前のトラック（Footsteps_DEMO1）の高音域処理（従来のまま）

	Frequency	Gain	Q
Channel EQ	3900Hz	-16dB	0.71

足音中間のトラック（Footsteps_DEMO2）の高音域

	Frequency	Gain	Q
Channel EQ	2500Hz	-17dB	0.71

足音奥のトラック（Footsteps_DEMO3）の高音域

	Frequency	Gain	Q
Channel EQ	1200Hz	-24dB	0.71

その他、一部細かい処理をしています。

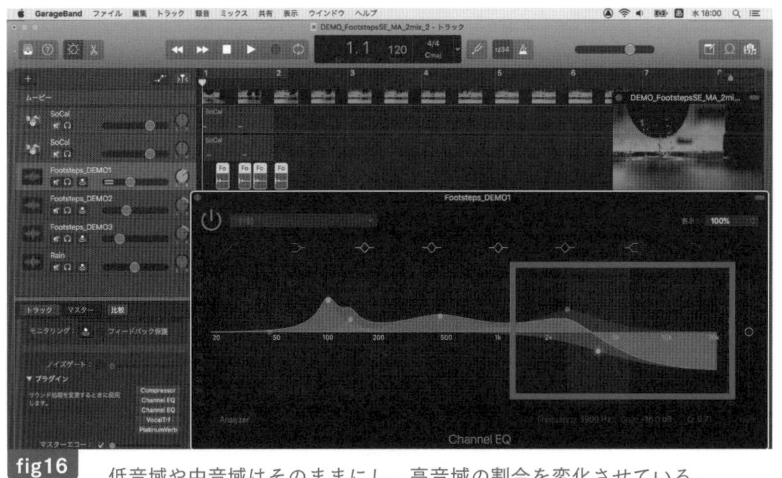

fig16　低音域や中音域はそのままにし、高音域の割合を変化させている。

音場についても、その空間を再現するという点で、プラグインによる処理で対応しています。

具体的には、リバーブを使った処理です。リバーブを使うことで音に響きを与えます。音源が遠くに行けば行くほど、音源から直接届く直接音が小さくなり、壁や建物などに反射し響く間接音の割合が多く聴こえるようなるため、リバーブ成分を強める設定で奥行きを再現しています。

「PlatinumVerb」プラグインの「Wet」のパラメータを調整し違いを出しています。fig17

fig17　Dryとは音の響きがない状態、Wetは音の響きがある状態をいう。遠くに行けば行くほどリバーブ成分が増えるということは、このWetの割合が大きくなるということになり、このWetの値を変えていく。なお、リバーブのその他のパラメータは動かしていない。

足音手前のトラック（Footsteps_DEMO1）のリバーブ処理（従来のまま）

PlatinumVerb	Wet	10%

足音中間のトラック（Footsteps_DEMO2）のリバーブ処理

PlatinumVerb	Wet	39%

足音奥のトラック（Footsteps_DEMO3）のリバーブ処理

PlatinumVerb	Wet	67%

そして音量です。ここはフェーダーを使って表現します。

例えば音場（音像）という点で見ると、音源が空間の奥に行けば行くほど直接音が小さくなり間接音が多くなる、音質という点で見ると、奥に行くほど明瞭度が下がる、そして音量という点でみると、音量が小さくなる、というように、音の調整は他の項目と関連づけ複数の要素を合わせることでリアリティを追求していくため、機械的にただ音量を小さくするだけではありません。リバーブ成分は多くなるが音量はあまり変わらないのか、音量は大きく変化するが音質はそんなに変わらないのか、再現性をよくイメージし、実際にモニタリングしながら調整することが必要です。

そのうえで、マスタートラックのレベルメーターがピークオーバーしないよう、フェーダーの値も調整します。本書では以下のように設定しています。fig18

足音手前のトラック（Footsteps_DEMO1）の音量

フェーダー	ボリューム	-9.4dB

足音中間のトラック（Footsteps_DEMO2）の音量

フェーダー	ボリューム	-12.4dB

足音奥のトラック（Footsteps_DEMO3）の音量

フェーダー	ボリューム	-17.8dB

その他、一部細かい処理をしています。

fig18

音源が奥に行けば行くほど聴こえる音量は小さくなるため、フェーダーの値に差が出る。実際には一歩一歩徐々に音量が減衰していく（離れていく）ので、3つのトラックの音量が極端に変わらないよう、しかし、差がわかるように調整していく。

最後に音圧を管理し十分なレベルかつピークオーバーしてないことを確認します。これはマスター音量スライダーを監視しチェックします。fig19

fig19

マスター音量スライダーのレベルは各トラックのすべてのレベルを合わせた全体レベルを表示しています。

例えば、足音と雨音が混ざった時に全体の音がピークオーバーしてないか、足音の定位を右に寄せたことで右だけ音が割れてないかなど、全体の中でどこか一箇所でもピークオーバーしていないかをまず確認します。また逆に、レベルが低すぎないかも確認します。あまりにレベルが低いと音としての迫力が失われたり、場合によってはノイズが目立ったりしてしまうためです。

これらの確認を正確にするためにも、マスター音量スライダーの値(ボリューム)は0dBにしておきます。つまり、マスターで味付け、色付けしてない状態でレベルが適切かどうか確認します。

今回マスターでボリュームを上げ下げしなくてもすでに十分なレベルを達成しており音割れもないため、ここではマスターで音圧を稼ぐということはせず、そのままの状態が良いと判断しています。

このように、画を観ながら理想とする音を頭の中で鳴らし、その再現を達成できたら完了です。

すべてが完了したら最初からプレイバックしてみましょう。動画の世界観を忠実に再現した足音が鳴っていれば完成です。

今回は足音にフォーカスして制作してきましたが、例えばここに雨の音を入れたり、BGMを付ければ、このシーンの再現がより完璧なものになります。 fig20

もちろん時間があればこれらもゼロから作っても面白いですが、時間や予算を鑑み、トータルの完成度を考慮しつつ、どれをゼロから作りどれを既存音源にするかといった優先順位をつけて効率的な効果音制作を行いましょう。

fig20

追加効果音の制作例

例えば付録したデモでは雨の音もゼロから作っています。

まず、雨の音を次の3つで表現しています。ひとつ目は、いわゆるザーっという雨音です。これは複数の水滴が高いところから降り注ぐと共に、建物の壁や天井などに当たったり、風の音が混じり風雨となって空間の中に発生する音です。

もうひとつは雨の粒が地面に当たる音です。今回は対象がアスファルトになるため比較的わかりやすくバチバチと発生します。

さらにここでは水滴が水たまりに落ちる「ぴちゃん」という音も混ぜています。イメージとしては、軒先から滴る水滴が浅い水溜りに落ちるような音です。動画では軒先は登場しませんが、雨が降っていることをより明確に演出するため、わざと含ませています。ここがリアリティを追求しつつも、エンターテインメントコンテンツとして演出する考え方になります。なお、今回は対象外としていますが、もし傘をさしていたり雨合羽を着ていればそれらに当たる音が発生しますし、どこかに木や車、看板といったものが存在すれば、それらに当たる雨音もあるでしょう。

ひとつ目のザーッという雨音はピンクノイズ〔周波数が比較的一定に変化している人工的なノイズ音のこと。サーと鳴るホワイトノイズ、ザーと鳴るピンクノイズなどいくつか種類があります〕を元にしています。今回表現する雨はそれほど強い降り方をしておらず強風が吹いているわけでもないため、ピッチシフトを使いややキーを下げることで降り方を抑えています。

Pitch Shifter	Semitones	-7
	Mix	37%

次に地面に当たる雨粒の音は、「Soundscape > Event Horizon」のMIDI音源を使い、fig21 のようにMIDIを打ち込み、不規則に鳴るさまを演出しています。空から勢いのついた水の塊が固いアスファルトの地面にぶつかるため、比較的はっきりバチバチと鳴るような音を目指します。ここでの編集はベースアンプシミュレーターとボーカルトランスフォーマーの組み合わせで構築しています。

fig21

Bass Amp Designer	Gain	3.4
	EQ BASS	3.5
	EQ MID	7
	EQ TREBLE	5.5
	COMP	6
	GAIN	5.5
	MASTER	4.5

VocalTrf	Pitch	0
	Format	+24

VocalTrf	Pitch	-24
	Format	+24

9 Bass Amp Designer	Gain	3.4
	EQ BASS	0
	EQ MID	10
	EQ TREBLE	10
	COMP	4
	GAIN	10
	MASTER	5.5

VocalTrf	Pitch	0
	Format	+24

このように同じプラグインを複数回使ったり、エフェクトをかけていく順番を調整することで音を変化させるもの技術のひとつです。

さらにここでは、このトラックをメインに、さらにボーカルトランスフォーマーで、もう一段階ピッチを+24した別のトラックを作ってミックスしています。

そして、水滴が水たまりに落ちる音は、「Bell＞Ice Mallets（CRYSTAL）」の音源を使用し、fig22 のように打ち込んでいます。そして、ボーカルトランスフォーマーとピッチシフトを用いて水滴の質感を表現します。

fig22

VocalTrf	Pitch	0
	Format	-9

Pitch Shifter	Semitones	7
	Mix	40%

このトラックをメインに、同じ設定で音階の違うトラックを複数作成しミックスすることで、雨粒の種類を増やしリアリティを増します。

これら3種類の音を個々で作り上げたら音量感をミックスします。今回、雨が降っていることがメインであるため、ザーという音が最も大きく、それを補足する形で地面に雨音がぶつかる音と水滴が水溜まりに落ちる音を足していきます。後者については、あくまで雰囲気を作るものであるため主張し過ぎない程度に留めます。ここでも主役と脇役の関係が成り立ちます。fig23

fig23

制作した雨音交じりの足音はダウンロードいただけます（p.7参照）。

音素材	■ DEMO_FootstepsSE_2mix.wav 雨音交じりの足音

Chapter. 6

音声レコーディング

ここではナレーションのレコーディングを想定した音声録音について説明します。これまではMIDIや既存音源などのデジタル信号を多く活用してきましたが、ここでは声というアナログ信号を扱います。

映像や動画では内容を説明するためのナレーションを活用することが多くありますよね。サービスやシステムを解説する中心的な役割となるため、ナレーションのクオリティは非常に重要です。近年では、多言語化に対応すべく日本語以外のナレーションが求められることもあり、ナレーションレコーディングの機会自体も多くなっています。

6-1 信号の流れ

Signal flows

まずはレコーディングするための信号の流れを確認します。現代ではスマホやタブレットが一台あれば音を録ることができますが、今回はナレーションのレコーディングを想定して、ビジネスでも通用する高品質な音を達成するため、最低限必要となる以下のシステムを組んでいきます。

まず音の入口となるのはマイクです。本書ではRODE社のNT1-Aというコンデンサーマイクを使用しています。

そして、マイクで得た微弱なアナログ信号をプリアンプで増幅します。このとき、コンデンサーマイクを使う際は、ファンタム電源(+48V)を入れることを忘れないようにします。

次いで、I/Oインターフェースに通してデジタル信号へ変換してから、コンピュータに録音します。なおI/Oインターフェースにプリアンプ機能が内蔵されているものも多くあります。本書ではAVID社のMbox Proを使用しており、同様の機能を持ちます(ファンタム電源もここから供給します)。この場合はプリアンプ単体を用意する必要はありません。

また、ほとんどのI/Oインターフェースは一台で入出力の両方を賄うので、チャンネル数が足りるのであれば2台用意する必要はありません。コンピュータとは、USBやThunderboltなどで接続します。

そして、録音した音をモニタリングするため、再びI/Oインターフェースに通してアナログ信号へ戻した後、パワーアンプで信号を増幅して出口となるスピーカーに送ります。スピーカーについてもパワーアンプ機能が内蔵されている場合は、別途用意する必要はありません。本書ではFOSTEX社のNF-01Aを使用しており、同様の機能を持ちます。

こうすることでスマホやタブレット一台だけの時よりも緻密に音をコントロールすることができ、品質の高い音を録音することができます。

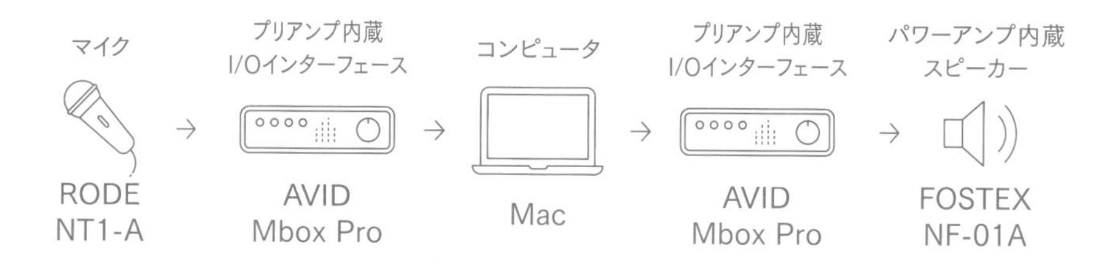

コントロールルームの写真。スタジオではなく家庭にもあるような小さい部屋での実施例。

音を録音する環境はさまざまです。

通常筆者がいうスタジオとは、商業用コンテンツを制作する際に使用するプロユースのレコーディングスタジオで、機材や環境が充実していますが、その分高い費用や利用条件が発生します。この他に、機材よりも楽器や演奏スペースが充実しており、演奏や歌唱を練習するために設けられたリハーサルスタジオ（リハスタ）、最低限の機材や環境のみが用意されその分費用等も抑えられているため、アマチュアでも気軽に使うことができる貸しスタジオ（街スタ）なんかがあったりします。もちろん、最も手軽な制作環境として自宅を選ぶ方法もあり、レベルや目的に合った場所で作業しましょう。

6-2 マイクセッティング

Microphone setting

音をレコーディングするために、まず必要となるのが音の入口であるマイクです。

数多ある工程の中で最初に音に触れる機材であり、当然のことながらマイク選びは重要です。マイクにはさまざまな種類や特徴があり、レコーディングする音源に適したものでないと、十分な音を取得することができません。

そして、マイキングという言葉があるように、マイクの選定だけでなく設置方法（例えばマイクの向きや角度、音源との距離など）も重要になります。カメラでいうならレンズがマイク、レンズの向け方や被写体との距離といった関係性がマイキングになります。

それではマイクセッティングの特徴をいくつか見ていきましょう。

マイクセレクト

まず、収音するためのマイクを選びます。

レコーディングはライブと違って手でマイクを持つ必要がないため、重さや見た目より音質を重視してセレクトします。ナレーションの時はこのマイク、というような決まりは特にありませんが、ドラムのキックやスネア、ギターアンプといった出力の大きい音の場合はダイナミックマイクを、人の声やアコースティックギターといった出力があまり大きくない音や繊細な音を狙いたい場合はコンデンサーマイクをというように使い分けることが多いです。

マイクは一度セッティングしたら終わりではなく、出音によってセッティングを変えたりもします。そのため、マイクを複数持っている場合は、比較的使い慣れているマイクを最初にセッティングし、その音質を基準として聴き、例えばもう少し低音を拾いたければ別のコンデンサーマイクあるいはダイナミックマイクにするというような形で、目的の音に近づけるやり方をとってもよいでしょう。

もし目的とする音がイメージできない場合は、ナレーターの声を生で聴いたときと一番近い音で録れるマイクはどれか、という基準で選んでもよいかもしれません。

マイクセッティング

どんなマイクを選んでも、レコーディングではマイクスタンドを使う場合がほとんどです。それは、マイク本体に不要な振動が伝わらないようにするためでもあります。マイクの仕組みは収音部の振動板を振動させる構造であるため、不要な振動でそれを打ち消し合ったりさせたくないためです。

マイクスタンドを設置する場合は、次のように細かい点まで注意して立てるとより良い音で録ることができます。

⦿ マイクスタンドの足の1本がナレーターのほうに向いているように立てる

特に業務用のマイクになると重量も大きくなり、場合によってはその重みでスタンドごと倒れるかもしれません。その際、ナレーター本人のほうに倒れては危ないので、仮に倒れても人にぶつからないよう配慮し立てると安心です。

⦿ マイクスタンドのすべての足をしっかり地面に設置させる

ブースに物が多いと、スタンドの足の1本がケーブルを踏んでいたり、他のマイクスタンドの足と重なることがあります。この状態だと、そこから不要な振動が伝わったり機材破損になる可能性があるため、どれともぶつからないように確認します。

⦿ マイクスタンドのハンドルやネジをしっかり絞める

マイクスタンドには複数のハンドルやネジが取り付けられており、さまざまな角度や長さに調整することができます。しかしこれらの締め付けが弱いとスタンドの一部がグラグラしてこれもまた不要な振動を発生させてしまいます。位置や角度が決まったら、すべてのハンドルやネジをしっかり絞めましょう。

⦿ マイクをナレーターの口の高さと同じ高さにする

多くの場合、マイク本体に長さを調整する機能はありませんので、マイクスタンドを調整して、マイクの振動板の高さがナレーターの口の高さになるよう調整します。

周辺機器

声をレコーディングするためには、マイク以外にいくつかの機材を合わせて使います。用途や予算に応じ、使う使わないを選択しましょう。

⦿ ウインドスクリーン

レコーディングではマイクとナレーターの口の間に網のようなものを設置しています。これをウインドスクリーンやポップガードと呼んだりします。

人の声は空気を媒質としてマイクの振動板に伝わるわけですが、この空気が一度にたくさん当たると「ぼわっ」というような音が発生し録り音に混入してしまいます。これを「吹かれ」といいます。例えば「ぱぴぷぺぽ」のように一瞬空気の塊を発するような破裂音でこの現象が起こりやすく、ウインドスクリーンの細かい網目を通過させることで、空気を拡散したり抑えたりして、吹かれを軽減するという仕組みです。

⦿ キューボックス

レコーディングする際、ナレーターはそのシーンのセリフやBGM、効果音、そして自分の声などを聴きながらタイミングやパフォーマンスを確認します。また、音楽のボーカルではオケを聴きながら歌います。さらに、コントロールルームからの指示も都度聴く必要があります。

そこで、ナレーターやアーティストが音を聴くためのシステムを用意します。これを「キュー」や「キューボックス」といいます。また、ナレーターやアーティストが聴くために音を送ることを「返し」と呼ぶので、「キューに音を返す」なんていう会話が発生します。

キューボックスは小型のミキサーのような形状をしているものが多く、ここにヘッドホンを接続します。キューボックスにはコントロールルームと同じ2Mixを送ったり、スタッフの指示を拾うためのマイクの音を送ったりします。

コントロールルームにおいては、ナレーターやアーティストの声はもともとセッティングしたマイクから聴くことができるので、これでブースとコントロールルーム間で会話をすることができるということです。

⦿ 譜面台

音楽のボーカルレコーディングでは譜面や歌詞カードを、ナレーションでは原稿を置くために設置します。そこに一本筆記用具があると親切です。また、ナレーションでは座る場合があります。その際に用意する机や椅子もできるだけ振動が起こりにくいものをしっかり設置します。

⦿ マット

これは足元に敷くマットです。ボーカルでもナレーションでもパフォーマンスに集中すると体が動く場合があります。人によってはリズムを取るためにわざと動く人もいます。体が動けば足も動く可能性があり、例えば小さくでも足踏みをすると足音がマイクに混入するので、これを防ぐためにマットを敷くことがあります。

⦿ モニター

映像や動画の場合、画を見ながらしゃべることがあり、その画を観るためのモニターが必要です。近年では起動音が静かな薄型のモニターをブースで使うことも多いのですが、薄い分ちょっとの振動でモニターがカタカタ揺れる可能性があります。モニターを置く際もしっかり固定してください。

これらがレコーディングで使用する周辺機器です。他、必要のない物はできる範囲でブースから出しておくと不要な音の反射を防ぐことができます。

ブースの写真。小さい部屋での実施例。

6-3 DAWオペレーション

DAW operation

6-3-1 セッションの作成と設定

レコーディングでもAVID社のPro Toolsを使用します。GarageBandでも録音はできますが、各DAWの強みを活かすため、音の調達において、MIDIの打ち込みはGarageBand、オーディオの録音はPro Toolsという使い分けをします。Pro Toolsは、現在多くのスタジオで使われるスタンダードなDAWで、細かい設定ができるだけでなく、音質や作業効率といったさまざまな面においてメリットを有するDAWです。

また、ボーカルやナレーションは一日で終わらないことも多く、今日はAスタジオ、明日はBスタジオというように違うスタジオで行うことがあります。その際、同じDAWだと互換性が保たれるため都合が良く、その理由でもPro Toolsを選択するメリットがあります。ただし、同じPro Toolsでもバージョンが違うと互換性が保たれないことがあるので注意が必要です。

本書ではPro Tools Firstを使います。早速起動しセッションを作ります。セッションとは動画編集ソフトや画像編集ソフトでいうプロジェクトファイルです。オフィス事務系のソフトでいうなら新規ファイルを作成するということです。

Pro Tools Firstが立ち上がると、まずどんなセッションを作るか聞かれます。これはあらかじめ設定されたテンプレートのセッションが選べる状況を意味します。しかし本書ではまっさらな状態から作っていくため、「Create From Template」のチェックを外し空のセッションを作成します。 fig1

fig1

すると新しいセッション画面が表示されます。

Pro Tools には2つの画面があり、同じ音を違う側面から見ることができます。両画面は「Window > Mix / Edit」で切り替えることができます。

ひとつ目の画面がエディットウィンドウと呼ばれる編集画面です。波形やタイムラインが表示されPro Tools内にある音を細かく見ることができたり、ソロやミュートといった再生コントロールの機能が表示されていたりします。波形編集などをする際によく使うのはこちらの画面です。 fig 2

fig2

もうひとつがミックスウィンドウです。こちらはフェーダーやレベルメーターが表示され、音量や音圧を細かく見ることができたり、入出力やプラグインの設定状況が表示されます。ミックスをする際によく使うのはこちらの画面です。 fig3

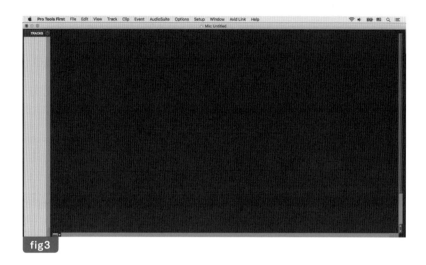

fig3

ちなみに、エディットウィンドウでもレベルメーターが見られたり、ミックスウィンドウでもソロやミュートができるなど、両画面ともに表示される内容も一部あります。

6-3-2 トラックの作成と設定

トラックとは、音を入れる筒のような役割で、実際の音を記録し保管します。

トラックの設定には大きく、モノラルとステレオの2種類があります。これはレコーディングする音源の数によって変わります。端的にいえば、音源数が1つの場合はモノラル、2つの場合はステレオになります。例えば、1人のボーカリストに対しひとつのマイクを設置した場合、得られる信号の数はひとつであるためモノラルトラックをひとつ作成します。

ふたり同時に同じ部屋で歌う場合でも、ひとりにひとつずつマイクを設置すれば、合計で2つのマイクになりますが、ステレオではなくモノラルトラックを2つ作成するということになります。それは、それぞれが異なる独立した信号であるため、別々に管理したいためです。

一方、電子ピアノやキーボードのように、L、Rと同時に2つの信号を得る場合にはステレオトラックを作成します。この場合、LとRは常に同じ時間軸でパフォーマンスし、お互いが基本的に相関関係になっている信号であるためです。例えばステレオトラックの音量を上げると、L、R両方の音量が同じだけ上がります。つまり、2つの音はリンクしていることになります。これがステレオトラックの特徴です。

ちなみにモノラルトラックを2つ作成し、一方にはLの音を、もう一方にはRの音を入れ、さらにLのトラックのパンを100%左に、Rのトラックのパンを100%右に振ればステレオトラックと同じ状態が作れます。ただし、両者はそれぞれ独立しているので、Lの音を上げたらRの音も同じ処理をするという手間が発生します。

チャンネルトラック

個別に設けられるトラックをチャンネルトラックと呼びます。4つのモノラル音源があれば4つのチャンネルトラックができるため、個々で調整することが可能です。

本書ではナレーションの声を1本のマイクでレコーディングするため、まずモノラルトラックをひとつ作成します。

Pro Tools上では以下のように作成します。

メニューバー > Track > New …

Create	1
new	Mono / Audio Track
in	Ticks
Name	Audio（任意）

すると、エディットウィンドウにもミックスウィンドウにもひとつのモノラルトラックが表示されます。

ちなみにナレーションを2テイク録ってそれぞれ良い部分を選びたいので、もうひとつモノラルトラックを作っておきましょう。つまり、モノラルトラックが合計2つあるという状態です。 fig4

fig4

マスタートラック

マスタートラックとはチャンネルトラックの総和を表すトラックです。チャンネルトラックは音源ごとに個別に設けられますが、マスターはそれら個別の総和となるため、基本的にはひとつのセッションでひとつのマスタートラックが存在することになります。

チャンネルトラックは子どもたち、マスタートラックは親という関係であり、子どもたちは必ず親を通ってスピーカーから音が出るとイメージしてください。そのためマスタートラックの音量などが、実際に視聴者が聴く音に近いということになります。

基本的な役割としては、全体の音量などを操作したい場合はマスタートラックを使い、ベースだけ、ボーカルだけと個別操作したい場合はチャンネルトラックを使います。

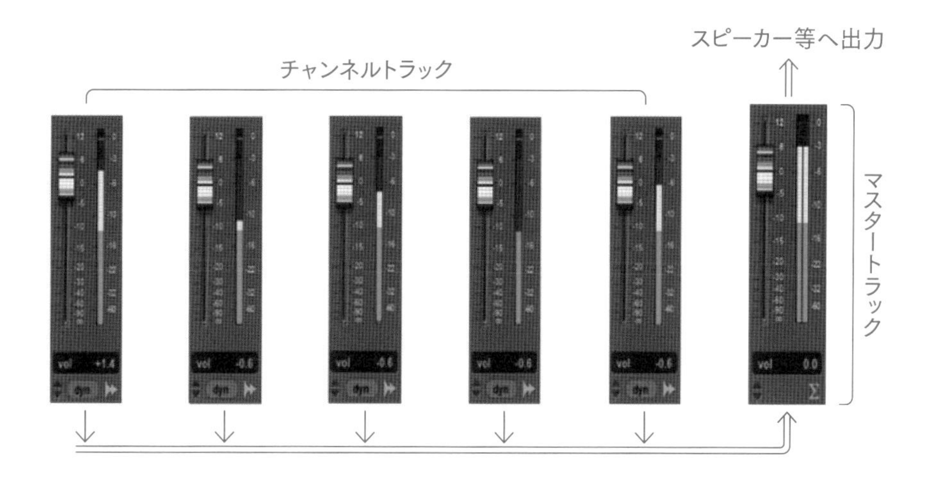

ここでは、マスタートラックをひとつ作成します。 fig5 fig6

メニューバー > Track > New …

Create	1
new	Stereo / Master Fader
in	Ticks
Name	Master（任意）

fig5 マスタートラック作成後のエディットウィンドウ

fig6 マスタートラック作成後のミックスウィンドウ

ただし、音楽制作においては、できるだけマスタートラックの音量は増減をしない0dBの位置のまま使用するが望ましいです。

それは子どもたちのパフォーマンスをできるだけ増やしたり減らしたりせず、純度100%のまま出力したいためです。もし全体の音のレベルを上げたい場合は、マスタートラックを上げるのではなく、全チャンネルトラックを同じだけ持ち上げるほうが良いこともあります。

6-3-3 適切な入力レベル

音はただ録れば良いだけでなく、できるだけ品質良く録音することが求められます。基本的には録った音の質を下げることはできても上げることは難しく、これが最終的なクオリティの原点にもなるためです。そのために適切な入力レベルで録音することが必要です。

入力設定

コンピュータとI/Oインターフェースの入力を設定します。

本書ではAVID社のPro Tools Mbox Proを使用し解説します。他のインターフェースを使用する際の細かい設定はそれに付属するマニュアルをご覧ください。特に自宅や小規模スタジオ向けのI/Oインターフェースであれば、コンピュータとインターフェースをUSBやThunderboltなどで繋ぎ、ドライバーを入れれば認識する仕組みになっているものが多くあります。

ではPro Toolsで設定をしていきます（入出力設定の名称は、I/Oまたは設定により表記が異なることがあります）。

fig7 -①が入力を設定するパラメータです。マイクを指すコネクタ口の番号を設定します。特に指定がなければ入力の1番に指すので、Pro Toolsの入力を「Analog 1」にします。表記はI/Oインターフェースまたは設定により異なりますが、I/Oインターフェースの入力1に該当するものを選びます。

Mbox Pro

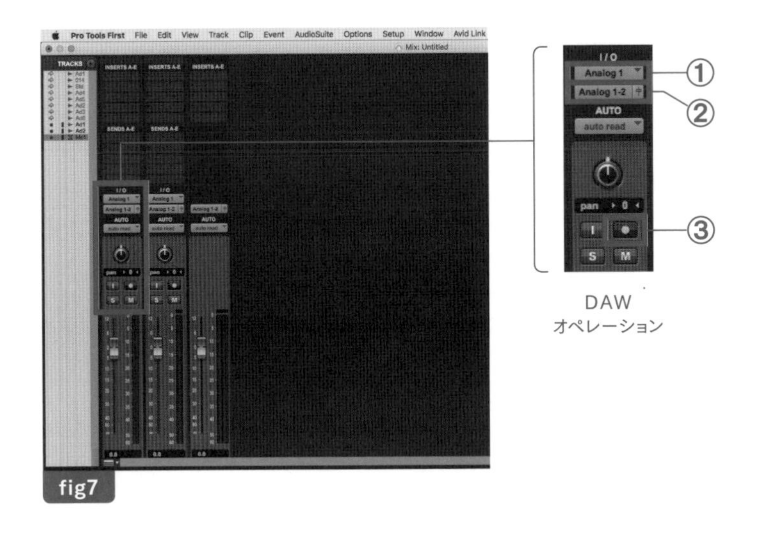

fig7

ちなみに、その下 fig7 -②は出力設定です。

本セッションではチャンネルトラックのすべてはマスタートラックにアサインするため「Analog 1-2」とします。

また、マスタートラックの出力はI/Oインターフェースのch1（Lch）、ch2（Rch）から出力するため「Analog 1-2」になっていることを確認します。

これで入出力の設定は完了です。

ゲイン調整

では、fig7 -③のトラックレコードをクリックしPro Toolsに音が流れ込むようにします。Pro Toolsでの録音は、まず該当するトラックレコードをオンにし、次いでエディットウィンドウ上部かトランスポートウィンドウのRecボタン fig8 -①を押すとRecスタンバイ、再生ボタン fig8 -②を押すとレコードが開始される仕組みになっています。

トラックレコードをオンにしたらゆっくりゲインを上げていきます。ゲイン（Gain）はI/Oインターフェースにあるつまみで調整します。ゲインを急激に上げると突然音が大きくなったり音が割れてしまう可能性があるため、急いでいてもPro Toolsのレベルメーターを見ながら、ゆっくりしたゲイン調整をしましょう。ここは耳だけでなく目でのメーター確認も重要です。

マイクに向かって何も発していなくても部屋のノイズを拾い、少しレベルメーターが振れることを確認できるかと思います。本番に近いレベルを調整するために、ナレーター本人や別のスタッフにマイクに向かって声をもらった状態で調整します。

コンデンサーマイクを使用する際はファンタム電源を入れることを忘れないでください。また注意点として、ファンタム電源のオンオフは必ずゲインが完全に絞られている状態で行ってください。ゲインが上がっている状態でオンオフをすると一時的に大きな音が鳴ったり、機材に負荷がかかったりするためです。

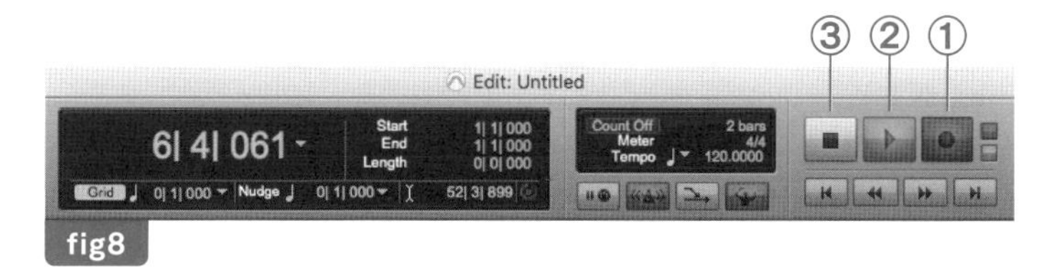

fig8

レベル調整

音を録る際に気を付ける要素のひとつにレベルがあります。

レベルメーターの最小値から最大値の間でどの程度メーターが振れればよいかということです。SN比の観点からは、最大値ギリギリであり、かつピークオーバーしないポイントが最も良いわけですが、レベルは常に上下し揺れています。

まず最優先すべきはピークオーバーしないこと、つまり音が割れないことです。それには、なるべくメーターが振れていて多少ピークオーバーまで余裕があるポイントを探るため、おおよそ6〜7割程度が振れている状態に設定します。 fig9

こうすることで、できるだけSNを稼ぎながら3〜4割程度をバッファとし、本番中予想外の大きい入力があっても耐えられるという状態が作り出せます。また、エディットやミックス時、もしくはエフェクトを使うことでレベルが増える場面も多いため、その余地を残しておく意味もあります。

これを細かく調整できるのがリハーサルです。音楽レコーディングでもいきなり本番のレコーディングをすることはあまりなく、アーティストやナレーターの声出しや練習のため、そして、スタッフによる音質確認や録音レベルの調整のため、リハーサルが重要な工程となります。リハーサルであるからといって気を抜くことなく、本番と同じ気持ちで挑むことが必要です。

fig9　6～7割くらいのレベルを目指す。

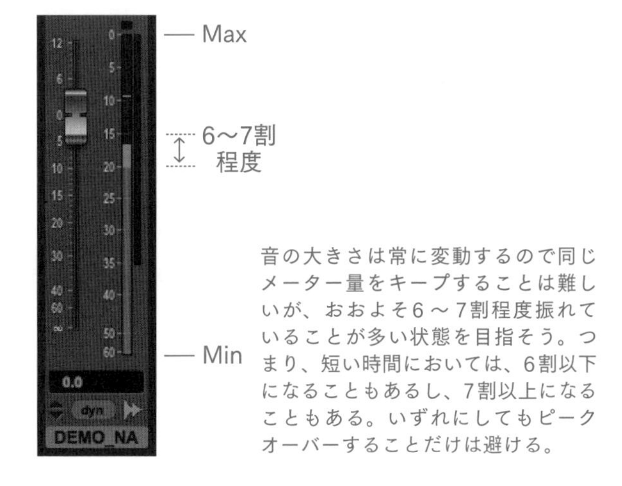

音の大きさは常に変動するので同じメーター量をキープすることは難しいが、おおよそ6～7割程度振れていることが多い状態を目指そう。つまり、短い時間においては、6割以下になることもあるし、7割以上になることもある。いずれにしてもピークオーバーすることだけは避ける。

6-3-4 レコーディング

ここでいうレコーディングとは本番のことです。

各種設定やリハが終わったら本番です。ここで録った音が世に出る素材となるため、これまでの準備を活かししっかりレコードします。本番は緊張するものです。皆が入念に準備してきたのであれば自信を持って挑みましょう。

レコーディング

ナレーターとスタッフ間でタイミングの確認がとれたら fig8 -①のRecボタン、赤い点滅状態になったら fig8 -②の再生ボタンを押します。テンキーの「3」を押すとショートカットキーとして使うこともできます。

レコーディングが開始されると赤と緑が常時点灯します。

あとは、耳で音を、目でメーターと歌詞や原稿を、時々ナレーターを確認し、手でレベルや音量のコントロールをすることに集中します。レコーディングに慣れていないとこれらすべてを同時に行うことが難しく、特に目で何かを見ているとどうしてもそれに意識がいってしまい、音が耳に入らないことがあります。何の作業をしても常に音を聴いている状態であることを心掛けましょう。

また、レコーディングを開始したばかりだとナレーターの声も安定せずレベルが変わりやすいため、こまめにゲインを調整します。そして、一番気を付けることはしっかりレコードされていることを確認することです。「パフォーマンスは良かったのに録れていなかった」が最も避けるべきことであるため、必ずレコードされている状態であるかを確認します。

また、録り漏れがないよう、録音を開始してからナレーターが喋り、ナレーターが喋り終わった後にも数秒程度の余裕を持って録音をストップするようにしましょう。録音は fig8 -③の停止ボタンでストップします。これでレコーディング完了です。

プレイバック

レコーディングの基本は録ったら聴くの繰り返しです。録った音を聴き直すことをプレイバックといいます。fig8 -②の再生ボタンでプレイバックしましょう。

プレイバックはとても重要です。それは、録音中、ナレーターはパフォーマンスに、スタッフはレベルや音質に集中しているため、録り音を俯瞰して判断することが難しいためです。録る時と聴く時では意識を向ける先が違うのです。

プレイバックでは音質やレベルが適正であるかをはじめ、歌詞や原稿の読み違いがないか、声のトーンや声による演出が目的に合っているか、OKテイクとして良いか悪いかを確認します。

別テイクのレコーディング

では、テイク2として別トラック（トラックネーム「Audio 2」）に録音してみましょう。入出力設定は同じです。ここで気をつけることはテイク1の音をミュートにすることです。テイク2を録音中、または再生中にテイク1の音が出ないようにします。ミュート（Mute）は該当するトラックのミュートボタン「M」を押すとできます。

fig10

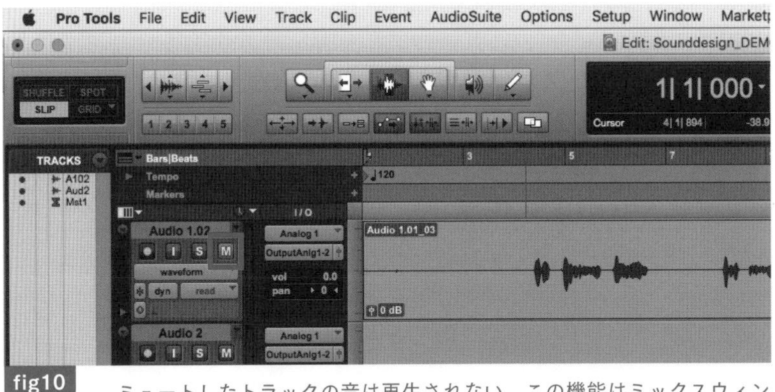

fig10 ミュートしたトラックの音は再生されない。この機能はミックスウィンドウにもあるため、エディットウィンドウ、ミックスウィンドウどちらからでも設定することが可能だ。

パンチイン・パンチアウト

テイクを増やせば増やすほど素材が揃うので選択の余地が増え、OKテイクを作りやすくなります。一方で、ナレーター側は疲れてしまうので、お互いの体力や時間、録れた音の状態やパフォーマンス力をみて録音するテイク数を制限する必要があります。

そして、場合によっては、部分的に録り直したいことも出てきます。全部を取り直す必要はないけれど、一部の箇所だけ再録音したいということです。これをパンチイン・パンチアウトといい、略してパンチインと呼んだりもします。パンチインにより、良いところは残し、修正したい箇所だけ録り直すことができます。

なおパンチインする際は録音し直す少し前から再生しましょう。それは、録り直したいところだけを急に録音するといかにも録り直した感が出てしまうためです。ナレーターもタイミングを測りづらかったりします。そこで、少し前から再生し、ナレーターには該当箇所前からしゃべってもらい、こちらで必要な箇所だけ録音すると前後の繋がりが自然になって、綺麗な再録音を達成することができます。

例えば、テイク2の一部をパンチインする場合、まず「Options＞Quick-Punch」でパンチイン・アウト機能をオンにします。Recボタンの中に「P」と表示されているとこの機能がオンになっていることになります。 fig11

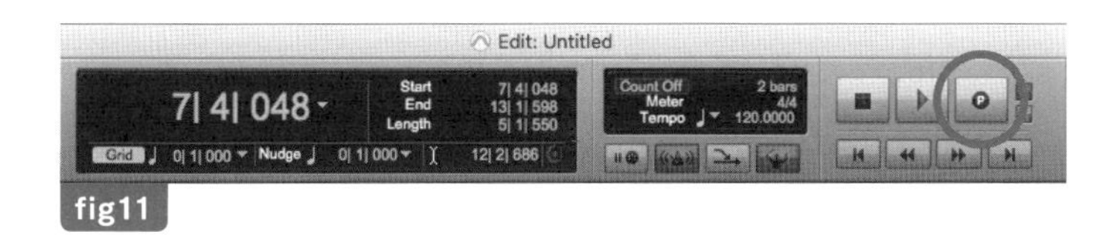

fig11

では、その該当箇所の少し前から再生します。そして、該当箇所になったら再生したままRecボタンⓅを押します。そして、赤くレコードされていることを確認し、該当箇所を通過したら素早く再びRecボタンⓅを押します。しっかりRecが解除できたことを確認したら再生を停止します。パンチイン後もしっかりプレイバックしてください。 fig12

fig12 選択して色が反転している箇所が今回パンチインした部分です。

このような手順で行うとパフォーマンス力の高いテイクを録音することができます。なお、瞬間的なオペレーションの際はショートカットを使ったほうが操作しやすいでしょう。

ショートカットキー参考

新規セッション作成	command ＋ N
新規トラック作成	command ＋ shift ＋ N
録音開始	（テンキーの）3　or　F12
再生・ストップ	space　or　（テンキーの）0
先頭（0秒または1小節目）に戻る	return（enter）
取り消し（一つ前に戻る）	command ＋ Z
上書き保存	command ＋ S
セッションの終了	command ＋ シフト ＋ W
Pro Toolsの終了	command ＋ Q
エディットウィンドウと ミックスウィンドウの画面切り替え	command ＋ ＝
波形の拡大	command ＋ {
波形の縮小	command ＋ }
フェード処理	command ＋ F
ループ再生	command ＋ shift ＋ L
トランスポート表示	command ＋（テンキーの）1

6-4 エディット

Edit

エディットとは音の編集のことです。

丁寧にレコーディングした音の完成度をより高め、不要な箇所があれば削除します。画像編集でいえば、トリミングやレタッチにあたるのがエディットです。

レコーディングでは良いパフォーマンスが録れるよう何度か演奏または歌い直してもらいますよね(これをテイクと呼んでいます)。例えば、ナレーションのテイクを複数録った場合、一行目はテイク1が二行目はテイク2が良いというように、その箇所ごとで比較し最もパフォーマンスの良い音だけ抽出することで全体の完成度を高めることができます。また、全体としてはテイク3が良いけれど、途中の一行だけミスをしているので、そこだけテイク2を差し替えたい、というようなことも可能です。

テイクの選択以外にも、一部分だけ喋り出しを早くしたり遅くしたりとタイミングを調整することもあります。そして、逆にいらない箇所が再生されないよう不要な波形を削除したり、目立つノイズを除去したりもします。特に、テイクとテイクの繋ぎとなる編集ポイントはノイズ源になりやすいです。折角良いパフォーマンスの並びを作れてもその分ノイズが乗ってはもったいないので、ノイズを目立たないようにし、あたかもナレーターが一度のテイクでこれをパフォーマンスしたかのような、違和感のない編集を達成します。

このようにエディットは音の質感というより音の形をより良いものにしていくという作業です。

テイクの取捨選択

録音した複数のテイクの中からそれぞれ良い部分を抽出し、完成度の高いOKテイクを作ります。本書では2つのテイクを録音したので、もうひとつモノラルトラックを作成し、これをOKテイクのトラックとします。

まずは、録った2つのテイクをじっくり聴きます。良いテイクを聴き逃してはもったいないので、良し悪しの判断ができるまで何度も繰り返し聴き返しましょう。オーディオクリップ用の範囲選択は fig13 のセレクタツールを使い、クリップ上でドラッグすることで選択・コピーが可能です。

fig13

商業音楽のボーカルでは一文字（一音）ずつの細かい単位でセレクトをしたりしますが、まずはざっくりナレーションの一行ごとあるいは一段落ごと選べばよいでしょう。声の明るさや迫力、キャラクター、演出などの面において、最も望ましいパフォーマンスはどちらか選びます。そして、それぞれ良いと判断したほうの部分をOKテイク用トラックにコピーすれば出来上がります。 fig14

fig14 このようにテイク1と2の中でそれぞれ良かった箇所を選び、OKテイク用トラック（ここではトラックネームAudio3）にコピペしていきます。

ここで注意したいことは、OKテイクが出来上がっても元素材はそのまま残しておきたいので、必ずコピーでOKテイクを作ることです。これは、現状で良いと思っていたテイクが後で違うという判断になるかもしれないためです。特にエディットを施すと波形自体が変わる可能性があり、元に戻りたくても戻れないというリスクは避けておいたほうがよいです。

リージョン処理

OKテイクが出来上がってもまだ人に聴かせるほど綺麗に整った状態ではありません。それは、しゃべり始める前やしゃべり終わった後の不要な部分、そして、テイク1とテイク2の境目が目立つ状態だからです。

しゃべりの前後の不要な部分は視覚的にわかりやすいので、しゃべり始める少し前までリージョンをカットし、しゃべり終わりは少し余裕を持たせてリージョンをカットします。カット処理が終わったらリージョンの開始と終わりの部分にフェードをかけておきます。そうすることで、プチッという不要なノイズを軽減することができます。

まずしゃべり始めの部分までのリージョンカットを説明します。

fig15 -①が実際に音が鳴り始める箇所なので、その少し前 fig15 -②まで fig16 のトリムツールでカットします。少し前が良いのは、一見波形では無音のように見える部分も、実は息継ぎ（ブレス）の音が入っていたりするかもしれないためです。また、急に音が出てきた感を回避したいための予防策でもあります。

余裕が多すぎても不要なノイズが目立つので、1秒程度の余裕が必要かもう少し短くしても問題ないのかは、実際に音を聴きながら判断します。もし判断に迷うようなら、感覚が掴めるまではブレスの前1、2秒ほど長めに余裕を持っておきましょう。長い分には後で短くすることができます。

fig15

fig16

トリムツールでカットした後はその無音部分にフェードを入れておきます。この場合、フェードインの効果をかけるわけですが、セレクタツールにし、実際にかけたい範囲を選択して、「Edit > Fades > Create」（ショートカット：「command」+「F」キー）でフェードをかけます。これで音の鳴り始めを綺麗にすることができました。しっかり整っているか必ず聴いて確認しましょう。 fig17

喋り終わりも基本的に同様の手順です。音がしっかり鳴り終わってからフェードアウトをかけたいので、フェードイン処理よりもさらに数秒余裕を持たせておきます。ここも処理後はプレイバックします。

fig17

次に、リージョンの境目の処理です。

テイク1とテイク2という本来違う時間軸の音がひとつのトラックにあるため、この境目を再生すると特にプチッというノイズが乗りやすくなっています。これを回避するために、繋ぎ目の部分をできるだけ無音の箇所で繋ぎ合わせるよう編集します。つまり、編集点は、波形のできるだけ山でも谷でもない平坦な箇所となるゼロの部分で繋ぎ合わせます。ここをゼロクロスポイントと呼びます。

波形を拡大すると山と谷の振幅がよくわかります。まず、セレクタツールで境目をクリックし、タイムラインをおおよその該当箇所に移動させます。次に fig18 -①で拡大します。指定したタイムラインを中心に拡大されていくので、波形の振幅がよく見えるまで拡大します。

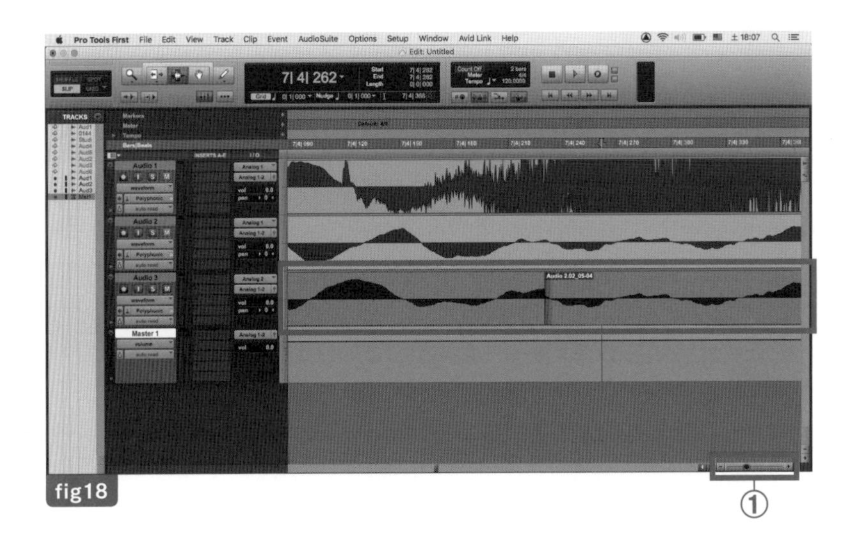

fig18 のように左側がテイク1、右側がテイク2のリージョンです。

ここで、トリムツールに変更し、両テイクのリージョンを動かしながらお互いゼロクロスポイントになる箇所を目で探します。場合によっては両テイクにおいてゼロクロスポイントを探し出すことが難しいこともあるため、その場合はできるだけゼロクロスポイントに近い部分と割り切り作業を進めます。fig19

探し当てたら境目を中心にセレクタツールで範囲選択し、「Edit＞Fades＞Create」（ショートカット：「command」＋「F」キー）でクロスフェードをかけます。ク

ロスフェードは必要な音にかからないよう、無音部分で行います。

この範囲は狭いほどバレにくいですが、フェードの効果は薄くなるので、はじめ狭い範囲でクロスフェードをかけて聴いて、まだノイズが目立つようであれば少しずつ範囲を広げていくとよいでしょう。それでもノイズが取り切れない場合は、別のゼロクロスポイントを探し直し、再びフェード調整をします。

こちらも処理を施したら都度聴いて必ず確認をしましょう。フェードをかけ終わった画面です。fig20

fig20

このような作業の繰り返しで、全く不自然さのない綺麗な編集を達成します。

すべての繋ぎ処理が完了したら、最初から最後まで流れで聴き最終確認をします。今回はナレーションひとつだけですが、音楽におけるボーカルでこの処理をする場合は、ソロを入れボーカルトラックだけが聴こえる状態で作業を行うとより精度の高いエディットをすることができます。

6-5 ライン録り

Line recording

本書では実際に録っていませんが、音楽制作やレコーディングを進めるうえで発生してくるであろう、もう一つの音録り方法を紹介します。
それはライン録りです。

マイク録りとライン録り

例えば、エレキギターをレコーディングする際、どんな録音方法があるでしょうか。
楽器屋やライブに行ったことがある方であれば、ギターをギターアンプと呼ばれる専用にアンプに接続し、音を鳴らす光景を目にしたことがあるかと思います。レコーディングする際もそのアンプから出ている音をマイクで録音すればよいわけですが、このようにマイクを使って録音するのがマイク録りです。
一方で、このアンプを使わず、ギターからそのままプリアンプに繋いで録音する方法もあります。これがライン録りです。電子キーボードのように本体から音が鳴らず、出力のコネクターのみがついてる楽器もこのライン録りになります。
場合によっては、マイクとライン両方を同時に録音し、のちにミックスするという方法をとることもあります。
マイク録りの場合、実際に鳴っているアンプの音を録るので非常にリアリティがあり、迫力あるギターサウンドを録ることができます。その反面で、大音量のアンプを鳴らすための部屋や空間が必要だったり、使うマイクの性能やキャラクターに録り音の質が依存します。実際空気中に漂う音を拾うわけですから、同じ部屋にノイズ源があったり実際に不要な音が鳴っていれば当然それも混入します。
ライン録りの場合、このアンプを鳴らす必要がないため、ギターとケーブル1本があれば即レコーディングすることができます。もちろんこの間にエフェクターを挟むこともできます。いずれにしても、マイクを用意する必要がないため手軽で、外部ノイズの心配がマイク録りに比べてぐっと下がるのが特徴です。反面、音のリアリティが低下する面もあります。エフェクターを使ったりコンピュータでギターアンプシミュレーターを使ったりし、エレキギターっぽく音を加工したとしても、実際の音ではないため、その分迫力が低下します。

このようにいずれもメリット、デメリットはあるものの、両方の録音方法を知っておけば、制作時間や予算に合わせて使い分けることができます。また、これらを音の特色として捉えると表現の幅も広がります。予算や時間があったとしても、楽曲の世界観や他の楽器とのバランスによっては、必ずしも野太いかっこいいギター音が良いとは限らず、あえてライン録りを選択することで、綺麗で細めのギターサウンドを録るということもあるからです。

もしバンドなどをやっている方で、ギターの音がどうしても他の音と混ざりにくい、という課題を持った方がいたら、このマイクとラインの使い分けを試すのもひとつの手です。

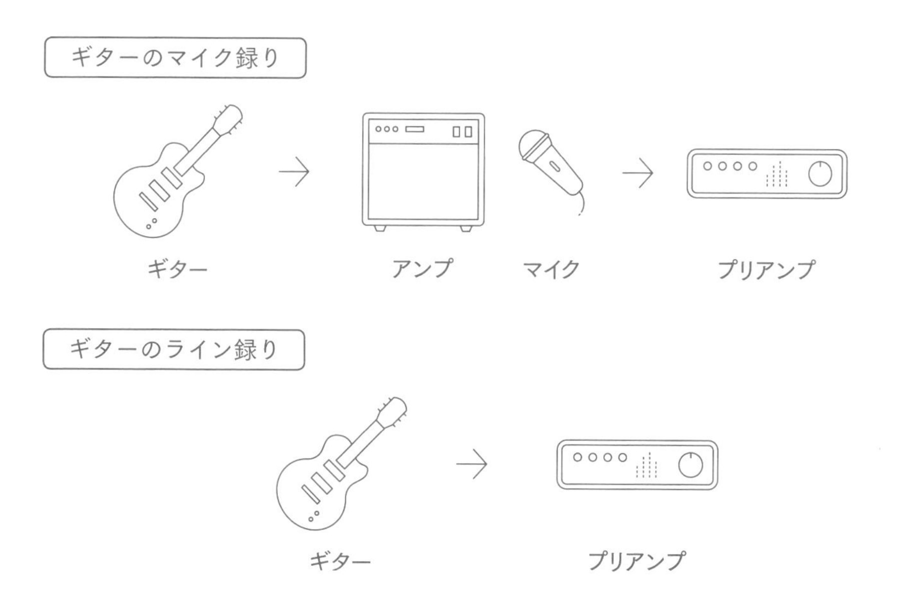

インピーダンスマッチング

ライン録りをする際、ひとつ注意する点があります。

それはインピーダンス（抵抗値）です。これはギターに限らず、どの楽器でもライン録りする際に気を付けたい要素です。音響機材の多くは電気を使うため抵抗を用いて機材に流れる電気の量を調整しています。

例えば、上流のAから下流のBに水を流すとします。上流と下流で同じ貯水量であれば1：1で流せば問題ありません。しかし、実際は楽器や機材それぞれによって貯水量が異なります。そのため、流す水の量（ここではそれが電流にあたります）を調整しなければなりません。その水門代わりになるのが抵抗です。

抵抗はAにもBにも存在するので、お互いが都合のよい割合で開き合わないと過度に水が流れたり逆にほとんど水が流れなかったりします。このように大きくバランスが崩れるとノイズが発生します。さらにいうと音質の低下や最悪機材の損傷もあり得ます。

そこで必要なのがインピーダンスマッチングです。文字通りお互いの抵抗値のバランスを合わせることが求められます。そしてその機能を持つ機材がDI（ダイレクトボックス）です。特にDIでは、ギターといったハイインピーダンスのものをローインピーダンスにします。お互いの水門の間に立つ調整役のような存在です。これを使うことでノイズが緩和されることがあります。昨今のプリアンプやI/Oインターフェースにはこの DI機能を搭載しているものがあり、その場合は別途設ける必要はありません。

ただし、この DIも機種やメーカーにより値が異なったり、そもそも電気は抵抗だけではなく電流や電圧、構造といった他の要素と関連し成り立っているので、DIを使ってインピーダンスマッチングを図っても、必ずしもノイズがなくなるというものではないことを前提としてください。逆に、DIによって音のキャラクターが違ったりするので、音色という観点でいくつか使い分けても面白いかもしれません。

Chapter. 7

MA

MAとはMulti Audioの略で、映像や動画のための音の最終調整の作業です。これまで、BGMや効果音、ナレーションといったさまざまな音素材を作ってきました。これらの音が共存する際に、最も聴きやすく、かつ各々が最良のパフォーマンスになるよう調整していきます。

7-1 MAの役割

Role of MA

映像や動画のための音も録って並べて終わりではありません。特に楽曲と違い、コンピュータを用いて作った音源、スタジオで録音した音源、そして特別な防音処理等がされていない屋内外といった、録音環境が大きく異なる状態で録音した音源が乱立することがあります。音質重視で作られた音だけでなく、画の綺麗さや撮影しやすさを優先し録られた音、ノイズの混じった音といったさまざまなレベルの音がひとつの作品に混在しています。

その際、シーンごとあるいは音源ごとに聴きやすい聴きにくいということがあっては、視聴する側も落ち着かないですし、コンテンツとしての魅力が半減してしまいます。どこから再生してもどの音を聴いても違和感がないよう音を整えるとともに、映像や動画とリンクすることでより魅力的なコンテンツになるよう音を調整していくのがMAです。

MAの必要性

音の数は、シーンや楽器の数が多ければそれだけ増え、何十、何百という音素材が集まることもあります。これらの素材の中には、この音は主役でこの音は脇役でというように、動画像に合わせて、あるいは他の音素材との共存を考慮して作られているものもありますが、多くは一つひとつの音が単体でも成り立つように作られているかと思います。これは音制作としては当然で、どう混ざるかわからない制作の時点で他の要素を必要以上に考慮することはできません。また、場合によってはBGM単体でもリリースされることがあるなど、別の用途も考えられます。つまり、多くの素材が100%のパワーで作られています。細かい効果音だからといって50%のパワーで作られているわけではないということです。

ちなみにここでいうパワーとは、音量や音質などすべての面においての音の質やパフォーマンスを指します。これらをすべて1：1：1：1で並べると、全体の音量が大きくなりすぎてしまったり、BGMとナレーションどちらを聴けばよいかわからなくなるような、音が渋滞する状態になってしまったりします。そこで、MAでは画に合わせた音のパフォーマンスを調整し、視聴者が聴きやすくしていくのです。

またここでは、音が人に与える効果は画と同等であると考え、単に聴きやすくするだけでなく、音で演出し、コンテンツとしてのメッセージ性を強める、感動を与えるというところまで目指します。こういった点で、音楽制作のミックスに似ているといえるでしょう。具体的な工程も、音量や音質といったミックスで扱う項目が基本になります。ただし、コンテンツにおいて音楽がすべてではないという点で、少し音の扱い方が異なります。映像や動画における音は、画をサポートする補助に回ることが多くあります。その立ち位置では、音は、無いと違和感があり、必要以上にあっても違和感がある、ほどよく存在し、あって当たり前のような存在です。

これまで時間も体力も、場合によっては費用もかけて、がんばって作ってきた音を、ついつい大き目の音で聴かせたくなる気持ちが芽生えるかもしれませんが、音に求められる役割や必要性、立ち位置といった、画と共存する意識を持つようにします。そのため、作業中も常に一歩下がって俯瞰した状態で判断することが求められます。

それではMAをしていきましょう。

使用DAWはPro Toolsです。Pro Tools Firstでは動画を扱えないという制限がありますが、音の調整については概ね同じように処理することができます。

流れとしては、音楽制作同様、編集しミックスしていくという手順です。

本書では、これまで制作した音源とナレーションをメインに使用します。その他の画や追加音源含め、必要素材はダウンロードいただけます(p.7参照)。

音素材	■ DEMO_BGM_MIDI.wav 2. BGM制作で制作したオーディオを元にした楽曲 ■ DEMO_BGM_Audio.wav 2. BGM制作で制作したMIDIを元にした楽曲 ■ DEMO_FootstepsSE.wav 5. 効果音制作で制作した足音の効果音 ■ DEMO_DoorSE.wav 追加音源となるドアが開く効果音 ※GarageBandのMIDIから制作した追加音源 ■ DEMO_NA.wav 6. 音声レコーディングで録音したナレーション
動画素材	■ DEMO_Movie.mp4 音は入っていません

7-2 編集
Edit

ここでの編集は主に画との同期です。画に合わせ適切なタイミングで音が鳴り始め、鳴り終わる細かい合わせ、鳴っている間の音の運用、すべてがベストタイミングになっていることが必要です。

セッションの作成

MAのために新しくセッションを作成します。

Name	自由にネーミングしてください
Local Storage (Session) を選択する	
File Type	BWF (.WAV)
Sample Rate	48kHz
Bit Depth	24-Bit
I/O Settings	Stereo Mix
Location	自由に保存先を設定してください

動画のインポート

まず動画をセッションにインポートします。以後インポートする音源はこの画に合わせ調整していきます。

File > Import > Video fig1

ダウンロードした「DEMO_Movie.mp4」を選択して、fig2 の設定を読み込みます。

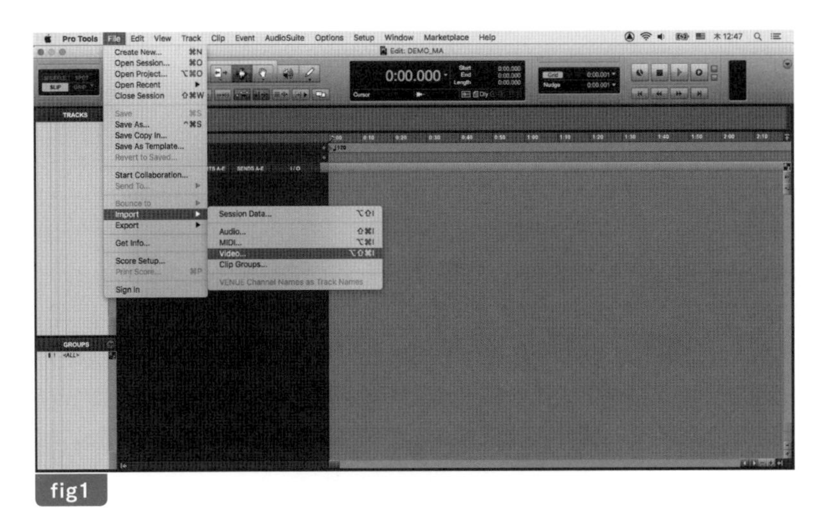

fig1

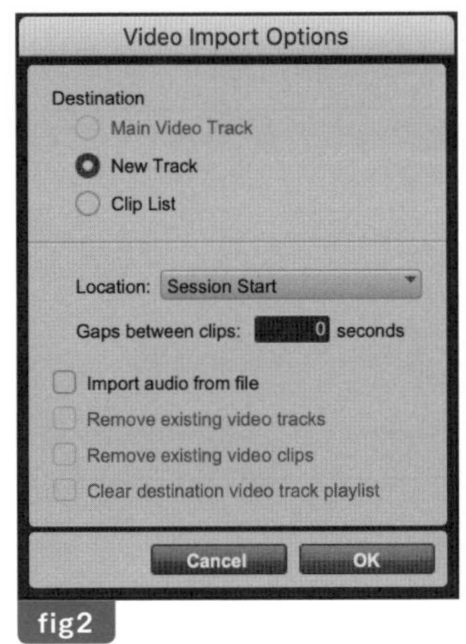

fig2

Location	Session Start
Import Audio from File	チェックを外す ※Import Audio from Fileとは、動画内にある音をインポートするか否かのメニューです。本動画には音がないため今回はチェックを外しています。音有りの動画を読み込む際はここにチェックを入れてください。

動画がインポートされました。

では、再生ボタンを押して一度頭から動画を見てみましょう。動画は以下のような構成になっているので、頭の中で音を鳴らしながら確認します。

タイトル	映像・動画制作者のためのサウンドデザイン入門
尺	約60秒
構成	▶ S1 (0秒～6秒)：スタートロゴ ▶ S2 (6秒～25秒)：イントロダクション 使用音源：DEMO_BGM_MIDI.wav (Stereo) 使用音源：DEMO_NA.wav (Mono) ▶ S3 (25秒～29秒)：歩きのシーン 使用音源：DEMO_FootstepsSE.wav (Stereo) ▶ S4 (29秒～34秒)：扉が開くシーン 使用音源：DEMO_DoorSE.wav (Stereo) ▶ S5 (34秒～50秒)：演奏シーン 使用音源：DEMO_BGM_Audio.wav (Stereo) ▶ S6 (50秒～60秒)：エンドロゴ 使用音源：無し

音源のインポートと配置

ではシーン毎に音素材を加えていきます。実際に音を使うのはシーン2 (S2) からとなります。

「File > Import > Audio」からひとつずつ音源をインポートします。fig3

設定が完了したら「Done」をクリックします。fig4

fig3

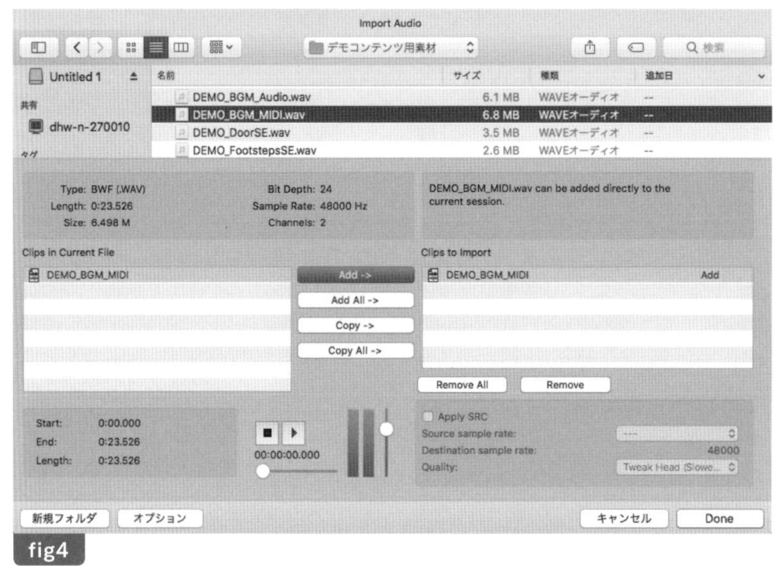

fig4

次いでインポートの詳細設定をします。 fig5

今回は素材をインポートするごとに、それぞれ新しいトラックを作成し、0:00.000から始まるよう設定します。

fig5

New Trackを選択する	
Location	Session Start

すると自動的にトラックが新しく作成され、インポートした音の波形が現れます。この際、モノラル素材の場合はモノラルトラックが、ステレオ素材の場合はステレオトラックが自動的に作成されます。

この手順に従い、必要な素材をすべてインポートしましょう。 fig6

fig6 全素材が並んだ図。映像トラックが1つ、ステレオトラックが4つ、モノラルトラックが1つとなっている。

続いて、音源（リージョン）を適正な位置へ配置していきます。

S2はタイトル後、黒からフェードインし文字が表示されるので、これに合わせて音が鳴るようにリージョンをずらします。つまり、画が真っ黒な時は音が鳴らず、文字がしっかりフェードインして表示されたらまずBGM音が鳴るという演出です。文字と音が同時にスタートすることで、動画が始まったというメリハリがつきます。本書では「0:07.055」あたりから音が鳴るようにしています。S3以降はわかりやすく画が変わるので、それに合わせて音もなり始めるように合わせます。 fig7

合わせ方としては、リージョンを移動させると画も前後するので、映像を頼りにリージョン配置をします。まず映像の変わり目を探し当て、そこに音のリージョンをざっと配置し、一旦再生し確認します。次いで、気付いたズレを細かく修正していくとよいでしょう。

音源によっては、音源の前後の無音部分を少し長めに書き出してあるので、作業しやすいようトリムツールでカットします。

映像に合わせて、各音源のタイミングを移動させた画面です。また、各音源トラックの総和を表すマスタートラックをひとつ作成しています。 fig7

音源を追加や削除したり、ミックスやMAにより定位、音質、音像、音量、音圧のどれかひとつでも変更すると、最終的な全体レベルも変化します。視聴者はこの全体レベルを聴くわけなので、マスタートラックを作成し全体としてどうレベルが変わったか、制作側としても確認する必要があります。また、マスタートラックで全体レベルを一括して制御したり編集したりすることができるのもメリットです。

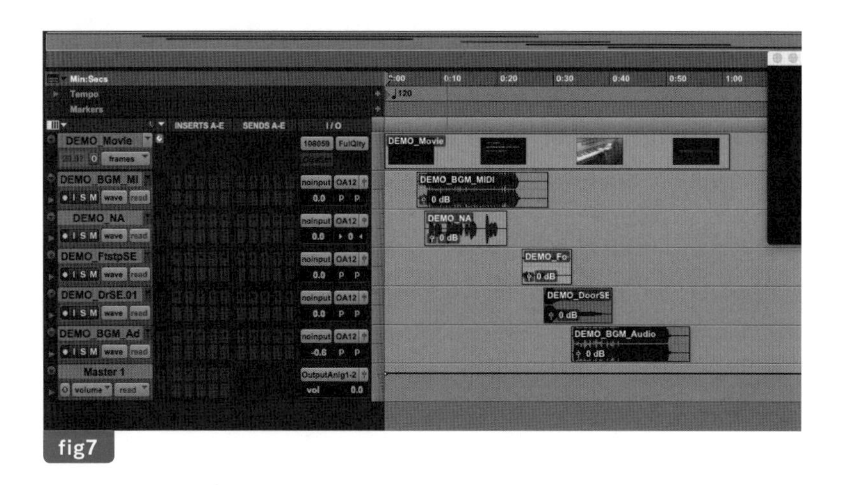

fig7

今回は文字が消えるシーンの終わりと音の鳴り終わりが同じタイミングのため、鳴り終わりの処理は特にしません。

動画における音の終わり方はさまざまですが、主な処理方法は「フェードアウト」と「カットアウト」です。
フェードアウトは音源の尺を問わず、画の尺に合わせて音量を減少させることができるので、どんな長さの動画でもなんとなく自然に同期させることができます。半面、演出としては物足りない面があります。それは、音も当然その世界観を表すために作られているわけで、それが途中で終わってしまっては100%音のメッセージを伝えることができません。見方によっては、「画の都合に合わせて音も終わらせたんだな」と音の必要性を軽視して解釈される場合もあります。動画の目的や演出にもよりますが、これではコンテンツとしての完成度は高くなく、あまりかっこよくないですね。そのため、フェードアウトはできるだけ第二手段として考えておき、画に合わせて音も楽曲としてちょうど終了する形を第一手段として模索します。こうすることで、画も音もそのシーンのために作られたという見え方になるため、メリハリがつき、演出としてもかっこよくなります。
もし画と音の尺が合っていなかったら、p.31で説明した尺調をし、画に合わせた楽曲構成にすることをまず試してみましょう。これが達成できていれば、音の終わりはカットアウトできます。
カットアウトには2つのパターンがあって、ひとつがこのように音自体がちょうど終わるパターンです。終わりと同時にリージョンの終わりを迎えるので、特にMAでフェーダーを下げる必要もなく、またリージョン管理もしやすいです。
もうひとつが、動画が終わるタイミングで鳴っていた音がブツッと切るパターンです。音が鳴っている途中で急に切れるので、音が終わった感がもろに出ます。場合によってはブツッというノイズが出ることもあり、視聴者は大きな違和感を持ちます。演出として、不完全さや急なカットやシーン変わりを伝える目的であれば、曲中のカットアウトは強いインパクトを与えることができます。一方で、しっかりした考えのもと本当にその表現で良いか確認したうえで設けないと、ただ失敗しただけだと思われてしまうので注意が必要です。こういったリスクを念頭に、最善の形と次手の手段を見定めてMAを進めていきましょう。
また、画と音が同時に終わる場合でも、必ず一度プレイバックしましょう。波形には現れにくい小さい音やノイズが混じっている可能性があります。また、ノイズの全くない無音の状態であっても、リージョンの頭と終わりにはフェードをかけておきます。ここは音楽のエディットやミックスの時と同様のスタンスです。フェードのかけ方は「6-4. エディット」を参照してください。

続いて、S3です。
ここはChapter 5で使ったものと同じ動画です。そのため使う音源もここで作ったものを使用します。ただし、当初より動画尺が短くなっているため、使う音源の範囲を調整します。本書では、最後の8歩目の画はほとんど黒い画面にフェードしているので使わないかもしれませんが、使う可能性がゼロではないため、念のため使用する素材として残しておきます。そして画のフェードアウトに合わせ、この8歩目の音をフェードアウトさせていきます。 fig8

fig8 映像を見ながら音のフェードアウト設定をすればよいので、視覚的にもわかりやすく編集することができる。

続いて、S4です。

ここは扉が開くシーンです。この効果音は、扉が開くきっかけ音と開く際の軋む音、そして光が漏れてくる様をイメージしたシンセ音がミックスされています。扉が開くきっかけ音と実際に扉が開き始める画のタイミングが合うようにリージョンを移動します。

また、この音源はS5にまではみ出るくらいの尺があります。鳴り終わりは同じシンセ音がずっと続いているだけで、フェードアウトさせてもあまり違和感がないという判断で、ここはフェードアウトさせていきます。

そして、このシンセ音をS5に少し残す形で演出したいため、長めに残しておきます。これは、S4の扉とS5の演奏者たちは繋がった空間にいて、両シーン間のパスを音で演じたいためです。そのため、S4の終わり際の音とS5の鳴り始めの音は一時的に両方鳴るよう音を重ねます。 fig9

fig9　シンセ音の鳴り終わり音とピアノの1音目の混ざり具合を何度も聴き、かっこよく違和感のないフェードアウト具合を耳で判断していく。

続いて、S5です。

ここはこれまでのいろいろな前フリを受けて、動画の中でもメインとなるところです。音楽でいうところのサビにあたるため、画の始まりと共にしっかり音が始まるようびしっと配置します。（fig10）

fig10　映像と鳴り始めの音がピタっと合うよう目と耳を使ってタイミングをはかっていく。ここは曲でいうサビにあたるため、少しこだわって設定してみよう。

本書の素材では、ピアノの画と音が合えば終わりも同時に終わります。ここで、終わりが合わない音源であれば尺調します。

動画であれ音楽であれ、最も盛り上がるところは一番魅せたいところでもあるので、始まりと終わりはしっかり尺が守られ綺麗に仕上がっているとコンテンツとして締まります。妥協せずに調整しましょう。

最後に、S6です。
ここはエンドロゴです。出ているこのロゴだけをメッセージとしたいので、S5の楽曲の最後のリフをブラックアウトする画にリンクさせることで余韻を残し、終わった感を演出し、その後のロゴ画では無音とします。

このように、ただ音を同期させるだけでなく、それぞれ意味を持った同期や編集をしていきましょう。

7-3 最終調整

Final adjustment

編集を経て、意図した形の構築を達成できたら、音楽でいうところのミックスに移ります。ここでも再び定位、音質、音場、音量、音圧について説明していきます。音を補助し音を磨くという面も有りますが、必要に応じて画の演出効果を高める調整という面を併せ持ちます。

7-3-1 定位

MAにおける音源の定位は、画に合わせた音の鳴り位置という面が出てきます。

本書で使用する動画の場合、S3の歩くシーンは歩行が右寄りになっています。そこで、これに合わせて少しパンを右に合わせたいわけですが、今回は素材を制作する時点で雨音はステレオ定位、足音は右寄り定位で作っているため、ここではステレオ定位（Lchは左、Rchは右）という設定でOKです。これがBGMの場合は、画の中に定位が特に定められていないため、センター定位（ステレオ定位）が安定します。

S4については、扉が向かって左側から開くため、音源が扉の奥にあるとするならば、左側からだんだん音が聴こえてくるはずです。それを定位のオートメーションを使って再現してもよいのですが、このカットを象徴する扉自体がセンターに位置しているため、音源がずっとセンター（ステレオ）でも違和感はないでしょう。

S5については、バンド演奏のカットがありますが、音源素材としてはすでに2Mixになっていますし、動画上でも楽器配置を明確に示すよりバンドという集合体からのメッセージという色が強いため、2Mix音源の定位をそのままステレオ定位で使います。 fig11

fig11

今回は元音源の定位を尊重しそのまま使っている。モノラルトラックはセンター定位、ステレオ定位は左右に100％振った状態の設定にする。

7-3-2　音質

ここでは音質の磨きという音楽的音質調整と、各音源の音質均(なら)しという両面で処理していきます。

音楽的音質調整については、より音に迫力が出てかつ明瞭感が増すように、イコライザーやコンプレッサーで処理します。特にS2については、BGMとナレーションが共存するため、両者のミックスバランスを最良のものにします。ここでは周波数帯による棲み分けと混ざり具合を見ていきます。

まずはBGMとナレーションの両音源を個別に聴き、それぞれ単体で豪華になるよう音質を調整します。次いで、ふたつを混ぜ合わせましょう。

本素材では、BGMのメロディラインを奏でるエレクトリックピアノの音とナレーションの音が比較的近いミドルレンジの周波数帯に位置します（もちろん各音源の倍音成分も同じ周波数帯にかかってきます）。そこで、BGMのミドルレンジの周波数をイコライザーで少し減少させます。そしてその空いた部分にナレーションが入ってくるイメージです。明確に棲み分けし過ぎるとふたつの音源が独立してしまうので、それぞれの音が明確に聴こえつつもうまく重なり混ざり合っているよう調整するのがコツです。ここは何度も聴いて自身の耳で判断します。

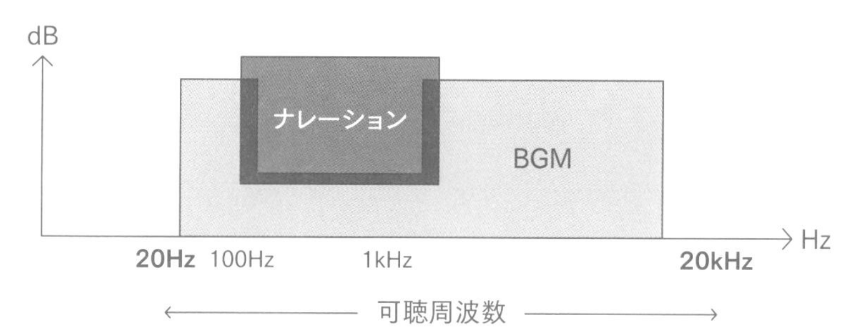

ナレーションの基音は数100Hzであるため、この部分のBGMの周波数をEQなどで少し減少させ、ナレーションが立つように設定する。

次いで各音源の音質均しを見ていきます。

例えばオーディオ音源から作った楽曲（音源A）は楽曲として一定の迫力が出ています。MIDIで制作した楽曲や効果音（音源B）は元が楽器のシミュレートである分、迫力があるというより軽めで細い音質となっています。

また、ナレーション（音源C）はアナログ音源であるため、前者と比べ重めの音質になっています。これらがひとつのコンテンツに混ざっても違和感のないようにしたいです。

動画を視聴した際に、どのシーン、どのカットを見ても録音環境の差を特に意識しないのは、自然な音質の並びになっているためです。例えばメインの聴かせたい音源がAだとすると、これを基準に音源BとCを調整し、Aに寄せるというイメージです。音源BはAと比較し軽めであるなら高域を少し減少させ、あるいは低域や中低域を少し増幅させ、音源AとBを並べて聴いてもおおよそ違和感のないようにします。

そもそも楽曲としてのテイストや世界観が違うので完全に一致することはないですが、両者の良さを消さない程度に少しお互いの音質を近づけるだけで、だいぶ聴きやすくなります。

また例えばS4の扉についても、木製の扉を重めに表現して荘厳な音にするか、万人に開かれた軽い扉というイメージにするのか、元の音質を尊重しながら前後のシーンに合わせた調整をすることも考えられます。

本書ではそれぞれ以下のようにプラグインを使って調整しました。

トラック：DEMO_BGM_MIDI

	FREQ	GAIN
EQ3 7-Band	65.8Hz	-2.8
	1.15kHz	-2.0
	4.01kHz	3.2
	10.18kHz	-0.5

BF-76	INPUT	34
	OUTPUT	14
	ATTACK	3
	RELEASE	5
	RATIO	4

	FREQ	GAIN
EQ3 7-Band	88.6 Hz	-1.7
	6.58 kHz	6.5
	15.45 kHz	-1.1

トラック：DEMO_NA

	FREQ	GAIN
EQ3 7-Band	124.2 Hz	-2.7
	1.80 Hz	1.1
	9.79 kHz	4.6

BF-76	INPUT	33
	OUTPUT	13
	ATTACK	3
	RELEASE	5
	RATIO	4

	FREQ	GAIN
EQ3 7-Band	225.3 Hz	-1.2
	274.8 Hz	-0.9
	786.8 Hz	-1.5
	8.35 kHz	1.5

トラック：DEMO_FootstepsSE

なにもせず

トラック：DEMO_DoorSE

なにもせず

トラック：DEMO_BGM_Audio

	FREQ	GAIN
EQ3 7-Band	90.4 Hz	-3.8
	208.1 Hz	-2.4
	1.85 kHz	1.7
	11.94 kHz	2.6

BF-76	INPUT	32
	OUTPUT	15
	ATTACK	5
	RELEASE	5
	RATIO	4

	FREQ	GAIN
EQ3 7-Band	508.4 Hz	-1.1
	1.19 kHz	-0.3
	10.81 kHz	1.1

トラック：Master

Maxim	THRESHOLD	-3.3
	CEILING	-1.0
	RELEASE	1 ms

Maxim	THRESHOLD	-4.3
	CEILING	-0.3
	RELEASE	1 ms

その他、細かい調整を少し行っています。

7-3-3　音像（音場）

ここでも音楽的な面と演出的な面で音場を調整していきます。ただし、音楽的な面は個々の制作時に考えられているところもありますので、初めて画と音を合わせた時に本当に違和感がないか確認し、足りないところを補足していく程度でよいでしょう。

例えば、S2の足音は同じ動画素材で作った音であるため、特に調整する必要はありません。また、S5では、最初手元が写り、次いで会場の画になるため、それぞれの音場を再現するのも面白いかもしれません。手元が写っているカットは視点が音源に近いため、直接音が多く届くと考え従来の2Mix音源の状態のまま使い、会場のカットではライブ会場感が出るように間接音（残響音）を多めにつけて画に近づけるという調整です。ちなみに本書ではこの処理はしていません。それは、この楽曲はメインとして伝えたい音源で、画はそれを象徴するためのイメージであるため、カットが変わっても従来の2Mix音源のまま使用しています。ここは目的や用途に応じて調整するとよいです。

一方、演出的な面ではリバーブを使っています。

S4とS5は同じ空間として繋がりを持たせたシーンです。そのため編集の段階でもS4の鳴り終わりを少し長めにしています。ただし、この鳴り終わりの音をそのまま使っては、S5の鳴り始めの音と重なりすぎてピアノのイントロがしっかり伝えられないので、S4の音源自体はほとんど画の終わりと同じタイミングで無くなるようにし、代わりにリバーブをつけ残響音だけがS5に被るようにします。すると、S5のピアノを極力邪魔せず音の重なりを達成することができます。そのため、リバーブへの送りとなるBusの量をオートメーションでこのように調整しています。

オートメーション機能を使ったリバーブのかけ方は、まず、新たにAuxトラックをひとつ作成し、このトラックにリバーブプラグインをセットします。そして、リバーブをかけたい音があるオーディオトラックからこのAuxトラックに音を流し込むことで音にリバーブ効果を持たせます。

Auxトラックとは、録音しないが音を通したいといった、補助的に音を扱いたい時に用いる種類のトラックです。「Track ＞ New」とし、以下のように設定します。 fig 12

Create	1
New	Mono / Aux Input
In	Sample

「Create」を押すとAuxトラックが作成されます。 fig13 -①

fig12

Mix: DEMO_MA2

EQ3 7-Band

SENDS A-E

I/O

no input

OtptAnlg1-2

AUTO

auto read

no group

pan

S

M

dyn

DEMO_BG

DEMO_NA

DEMO_F_S

DEMO_D_S

F_SDB_102

Master 1

Aux 1

②

①

fig13

次いで、このAuxトラックにリバーブプラグインを立ち上げます。fig13 -②
今回は「D-verb(mono/stereo)」のリバーブを使います。fig14

fig14

選択すると自動的に該当するプラグインが立ち上がります。fig15 -①
このリバーブ自体の設定は一旦すべてデフォルトのまま使用していきます。使っていくなかでもう少し空間を広くしたいとか、種類の違う響きを使いたいといったことに気付いた場合は、自由にカスタムしてください。

fig15

リバーブを立ち上げたら次にAuxトラックの入力設定 fig15 -②です。

音声レコーディングでは、I/Oインターフェースを使い、外部からマイクやライン信号を入力するための設定をしていましたが、今回はコンピュータ（Pro Tools）の中で信号の受け渡しをします。具体的には、DEMO_DoorSEトラックからAuxトラックに信号を受け渡すわけです。この時に使うのがBus（バス）です。Auxトラックの入力をBusにし、今回は「Bus 1」を使います。 fig16 -①

I/OインターフェースもBusも音の入出力を扱うための音の通り道であることに変わりはありませんが、前者はマイクやラインといった主にコンピュータ外からの信号を扱う時に使うものであるのに対し、Busはコンピュータ内で音をやりとりする際に使う機能となります。

fig16

これでAuxトラックの設定は終わりです。Auxトラックのリバーブ準備と信号の受け入れ態勢(入力設定)が完了したので、DEMO_DoorSEトラックからこのAuxトラックに信号を送る設定をします。

DEMO_DoorSEトラックのSENDS A-E fig16 -②よりBus1を選びます。SENDSとは文字通り信号の送る機能ですから、ここを「Bus1」と設定すれば、Auxトラックへの音の通路が確保される仕組みです。Bus1の設定が完了するとひとつフェーダーが現れます。これがAuxトラックに信号を送る量を設定するためのフェーダーです。fig17

DEMO_DoorSEトラックは元々(リバーブのかかってない音を)マスタートラックに送るようアウトプット設定がされています。そして、Busを作ることで、それとは別にリバーブのかかるAuxトラックにも設定されます。つまり、2つの行き先が設定された状態となっています。こうすることで、リバーブのかかってない素の音と、リバーブのかかったエフェクトの音を個別に操作することができ、両者を良い具合にミックスすることで、思い通りの音作りをするという仕組みです。

fig17

あとは、この送りの量を上げていけばリバーブがかかるわけですが、今回この上げ下げの量を自動的に変化するようオートメーションをかけていきます。画面をエディットウィンドウに切り替え、オートメーション・プレイリストから「(snd a) Bus 1 > level」を選びます。fig 18

fig18

すると、該当トラックの表示が波形から線に変わります。この線がAuxトラックへの信号の送り量を表します。この段階では線が一番下に位置しており、この線の高さが上るほど送りの量が増えていきます。この量のコントロールは、グラバーツールで上げ下げしたい箇所の線をクリックまたはドラッグすると調整することができます。

今回ドアが開く効果音の後半部分だけにリバーブをかけたいため、最初はリバーブのかかってない音のみを再生し、時間の経過と共に少しずつリバーブ量が増えるという演出をします。本書では fig19 のように設定しています。

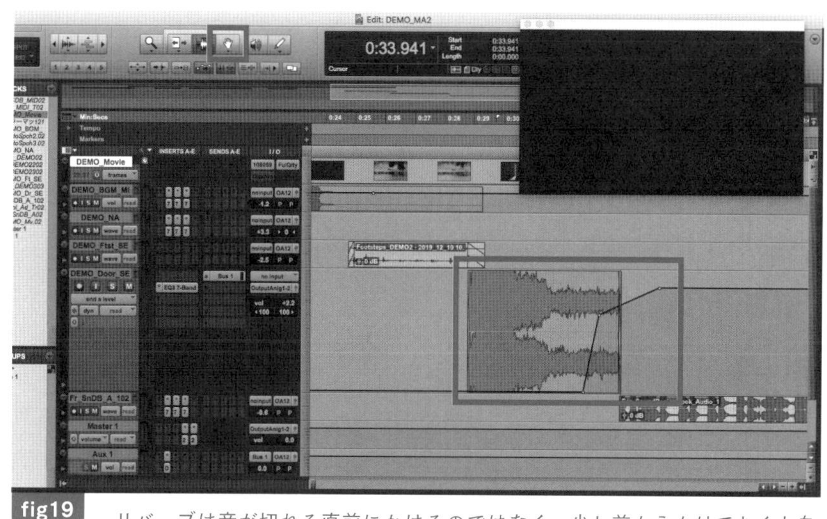

fig19 リバーブは音が切れる直前にかけるのではなく、少し前からかけておくと自然なリバーブ効果を演出することができる。

設定が完了したらこちらも必ず聴きます。その上で、理想とする演出効果が得られているか耳で判断し、微調整していきます。

このように元音源自体はフェードアウトやカットアウトで終わっても、リバーブやディレイを使った残響音をうまくコントロールすることで違和感なく音を残すことができます。

7-3-4 音量

次いで音量です。ここでも音量調整は重要です。特定の音だけ大きい小さいがあり聴きづらいという状況は避けましょう。

各シーンそれぞれの演出意図はありますが、まず基準としてはどのシーンを見ても聴感上おおむね同じ音量感であることを目指します。基準を作った後でそれぞれ意図する音量の大小を調整するほうが全体を俯瞰した細かい調整ができます。

なおこの基準を作る際の調整は、レベルメーターを見ながら、どのシーンも同じくらい振れているようにするという意味とは少し異なります。メーターが同じレベルを示していても、音源によって聴こえ方が違ったり音圧が違ったりするので、メーターはあくまで参考にしながら、最終的には耳で判断しなければなりません。ここは、ラフミックスとファイナルミックス（本ミックス）との関係に近いといえるでしょう。

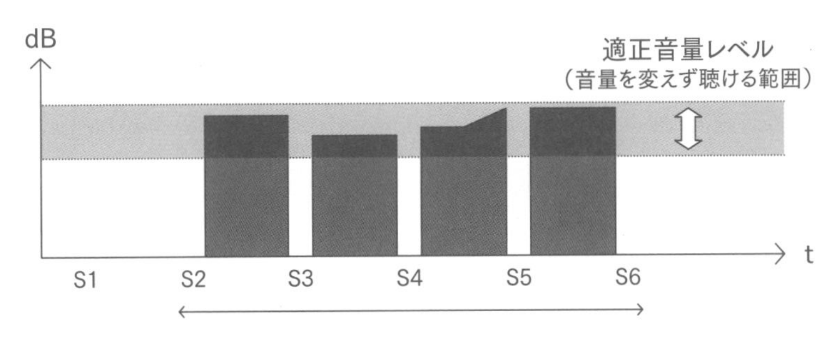

一視聴者として聴いた時でも違和感のないよう、俯瞰した耳で判断していく。

もう一つは音量による演出です。

わかりやすい例だと、BGMを使う時は鳴り始めと鳴り終わりを少し大きめにし、中間はやや抑えめにするというような形です。鳴り始めと終わりは画としても切り替わりのシーンであることが多いため、それに合わせて音量が変化すると迫力やメリハリ、メッセージ性が増します。

S2では、まずBGMが鳴ってしばらくしてナレーションが入ってきます。BGMが単体で鳴っていてもナレーションが乗っても、トータルとしてはおおよそ同じ程度の音量であるほうが聴きやすいため、例えばBGM単体の時はBGM100、ナレーション0というボリュームであり、ナレーションが入ると

BGM30、ナレーション70のように音量が変化するということです。

S3の足音は、S2に比べやや小さめにしています。これはリアルにおいても、そもそも足音はナレーションやBGMほど大きく主張する音ではないため、それを再現しています。ただし、あまりにも両者の音量差があると違和感になってしまうため、大小の違いがわかるものの、聴感上、違和感のない音量に落ち着かせます。ここは両者を何度も聴き比べて、耳で判断していきます。

またS4においては、シーン終わりにかけわざと音を大きくしています。これはS5というサビ直前で盛り上げる役割を演出するためです。さあ、いまから始まるよと高揚感を与えて次のシーンに渡します。こういった技はイベント音響(PA)でも使うことがあり、音で「あおる」なんていったりします。

そして、音量を時間ごとに自動で変化させる機能をフェーダーのオートメーションといいます。この機能を設定することで、指定した時間において設定した音量に変更するようプログラムすることができます。

方法は2つあります。1つ目はノンリニアでの編集設定です。fig20 のようにエディットウィンドウのトラック画面を波形ではなくボリュームの表示にします。この線が示す位置はミックスウィンドウのフェーダーで表示する音量とリンクしており、同じ音量(dB)が表示されています。つまり、この線を上下させるということは、フェーダーを上下させることと同じであるため、目で見ながら音量を変えることができます。fig21

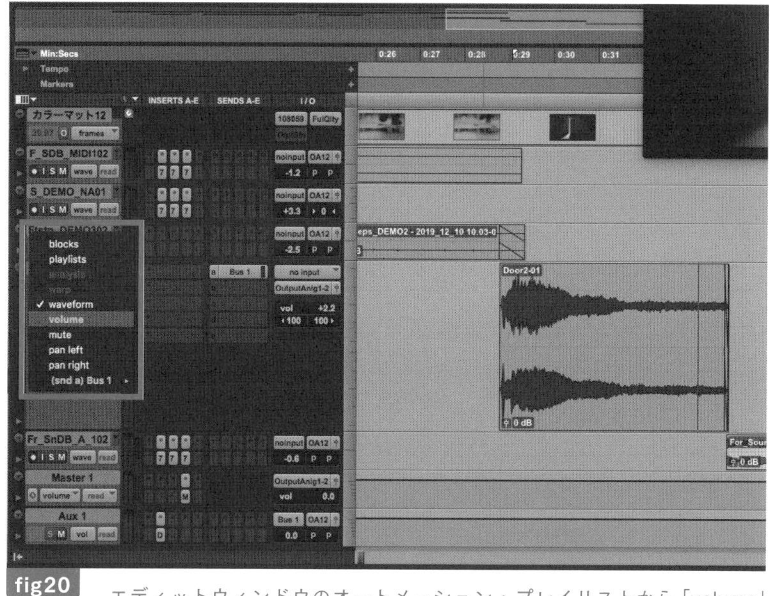

fig20 エディットウィンドウのオートメーション・プレイリストから「volume」を選択する。

fig21　映像に合わせ、ボリュームを徐々に上げていく演出を施す。ここも設定後何度も聴き、画と音がうまく合う具合を設定していく。

2つ目はリニアでの編集設定です。実際に音を聴きながらリアルタイムで感覚的に音量を変化させ、その変化を記憶させるやり方です。この場合、ミックスウィンドウのオートメーションモードを「touch」や「latch」にします。筆者は前者の「touch」をよく使います。（fig22）

fig22　実際に音を再生するためその分だけ調整時間はかかるが、耳で得た感覚を細かく再現するのに適しているのが「touch」だ。

音を再生し実際に音を聴きながらフェーダーを上げ下げします。フェーダーをクリックしている間だけその動きが記録され、クリックしていなければ前回の音量値にフェーダーが自動的に戻るので、変更したくない場所はクリックせずモニタリングだけし、変更したい場所になったらクリックして動きを記録します。記憶が終わったらプレイバックし、納得のいくまで調整しましょう。完了したらオートメーションモードを「read」に戻しておきます。

7-3-5 音圧

最後に音圧調整です。

最終的にマスターでピークオーバーせず、しかしできるだけ高い音圧を達成する点はミックスと変わりません。

最終的な納品が商業用のテレビや映画コンテンツの場合は、音の大きさの基準が指定されていたりするのでそれに準じて完成させる必要があります。しかし、YouTubeのような万人に開かれた動画共有サイトなどであれば特に指定がないことが多いので、できる限り高いレベルで制作します。ただし、映像や動画の場合、音楽と違いずっと大きい音が鳴っているものではありません。そのため、レベルメーターが常にピーク付近を振れているとは限りません。

例えば画面上奥のほうを歩く足音は当然小さい音として鳴らなければいけないので、レベルメーターもピーク付近であるはずはないのです。音は画のサポートである前提を意識しレベル管理をします。

音圧と音量は基本的にお互い比例関係になることが多いので、「7-3-4. 音量」を参考に調整するのも効果的です。

本書で制作した動画では、S2のBGMとナレーションが両立するイントロダクションと、作品としてのサビとなるS5の演奏シーンが、比較的ピークに近い音圧となっており、その他のシーンはそれに比べ少し低くなっています。

また、音圧も耳で判断という考え方は変わりませんが、管理という点ではメーターを用いた視覚的な確認も必要です。特に注意したいのが音が重なる部分です。

例えば、S2のイントロダクションでは、途中BGMを抑えてナレーションが入ってくる箇所があります。一方は音量が下がり、一方は新たな音が鳴り出すという、音の変化が著しい箇所です。その際、BGMの音量が下がりきる前にナレーションの音が入ると、その部分だけ急激に音圧が高くなり、瞬間的にマスタートラックのレベルがピークオーバーする可能性があります。一連の流れで聴いていると気付きにくいような数秒の範囲だったりしますが、一瞬でも音が割れると作品のクオリティとしては大きな損失となります。

たった数秒程度の箇所であっても、このように音が大きく変化する箇所、複数の音が混ざり合う箇所は、耳と目と両方を使い何度も確認しましょう。S2のシーンでいえば、前述のタイミングを何度も確認し、一時的にでも音圧がピークオーバーしてしまう場合は、BGMの音量を早めに下げ始めるか、下げる速さを少し早くする、もしくはナレーションの入るタイミングを少しずらすなど、マスタートラックのレベルメーターを目で見ながら細かく調整していきます。

また、ピークオーバーしてないからといって急激な音圧変化があっては、聴き心地としても耳へのダメージとしても好ましくないので、耳での確認も引き続き必要です。この両方を確認しながら最良のタイミングを見つけていきます。

本書では、ナレーションが入る直前からBGMの音量を下げ始め、0.5秒程かけて6dB程度下げるよう調整しています。 fig23

fig23

① BGMのドラムフィルが鳴り終わりシンバルが鳴った直後あたりから、BGMの音量を少しずつ下げている。

② またナレーションの鳴り始めるタイミングは、シンバルやスネアといったBGMの中でも音圧の高い（波形の大きい）箇所と重ならないよう意図的に少しずらしている。

全体の音圧向上については、マキシマイザーを使って少し稼いでいます。こちらもミックス同様、上げすぎないよう最低限の音圧稼ぎに留めています。また、「7-3-2. 音質」の最後「トラック：Master」で紹介したように、ここではあえて同じマキシマイザーを2度がけしています。それは、ひとつのプラグインで一気に上げるより、複数個のプラグインを使い少しずつ音圧を上げたほうが音へのダメージが少ない場合があるためです。分けることで細かく調整しやすいというメリットもあります。

MAも音楽のミックス同様、例えば音圧を調整すれば音が変わるので、その分の音質や音量バランス、音像などを再び調整し、また音質を確認しと行ったり来たりが発生します。この繰り返しを何度も経て、どこから聴いても最良の音となるよう細かく調整します。

　本書の作例のMAを終えました。fig24

fig24

7-4 落とし、検聴、最終確認

Track down, audition, final confirmation

これまで行ってきたすべての成果をひとつの音ファイルまたは動画ファイルとして書き出します。MAの場合、音だけでなく画もあるため、その分設定で注意すべき項目が多くなります。エラーのないよう気を抜かず確実にすべてを書き出していきます。

そして書き出したファイルが問題なく再生されるか、落としたことで新たに発生したノイズなどがないか、しっかり確認します。

すべての作業が完了したら書き出します。こちらもミックス同様に気を抜かず作業する工程です。Pro Toolsではバウンス機能を使うことで動画コンテンツとして書き出すことができます。 fig25

File > Bounce to > QuickTime…

fig25 映像込みで書き出す場合は「QuickTime…」を、音のみを書き出す場合は「Disk…」を選択する。

Bounce Source	Analog 1-2　※設定やI/Oにより名称は異なります
File Type	WAV
Format	Interleaved
Bit Depth	24 Bit
Sample Rate	48 kHz
Include Video	チェックを入れる
Same as Source	チェックを入れる
Replace Timecode Track	チェックを入れる
File Name	自由にネーミングしてください
Directory	デフォルト設定
Offline	チェックしない

すべて設定が完了したら「Bounce」をクリックします。すると自動的に書き出しが始まります。

ただし、バウンスでは画の細かい書き出し設定ができないことがあります。

画質にこだわりたい場合は、Pro Tools上では音だけバウンスし、それを動画編集ソフトに読み込ませ、そちらで画と共に書き出す方法もあります。この場合、画と音がずれてしまってはいけないので、書き出し開始を0秒（0:00.000）または1小節目の1拍目から開始し、動画編集ソフトでも0秒から画と音が開始するよう頭合わせをする必要があります。人によっては0.1秒でも両者がずれると違和感を覚えることがあるため、絶対にずれないよう丁寧に作業してください。

書き出しが完了したら検聴します。この書き出した動画ファイルが、完パケされた最終納品データ、つまり視聴者が見るものになるので、最後まで全力で確認しましょう。

さて、この一連の工程が完了したら作業はすべて終了です。

納品後、修正依頼などがくる可能性があるため、これまで作業した素材やセッションデータは必ずバックアップしておきましょう。おつかれさまでした。

制作した動画コンテンツはダウンロードいただけます（p.7参照）。

動画	■ DEMO_MA_2mixMaster.mov MAで仕上げた動画

Index 索引

0～9

A～Z

あ

い

う

え

お

か

き

れ

さいごに

例えばあなたがスタートのA地点からゴールのB地点へ向かうとします。

まずここで重要なのは、向かう先がB地点だとわかっていることです。とても当たり前のことですが、行く先がわかっていないと動きようがありません。目的地がわかったら、右から行くか左から行くか選択することと合わせて、歩くのか車なのか移動手段を決めます。この時、所要時間や交通費といった諸条件も考え合わせなければいけません。そして実際に動き出したら、ちゃんとゴールに向かっているか都度確認し、間違っていれば都度修正します。これを繰り返すことで、無事目的地に辿り着きます。

音作りもこれと同じです。

まず何を作るかゴールをイメージし、それに合わせてどんな手法や機材、ツールを使うかを決めます。同時に制作期間や制作費も見なければなりません。実際に作り出したら、都度音を耳でモニタリングしながら、今鳴っている音が良いのか良くないのか、良くするために知識や技術をどう活用すべきかを判断します。

つまり、素晴らしい機材やツール、知識や技術や発想を持っていても、その都度その制作において正しく使わなければ、ゴールに辿り着けないということです。この時に何より重要なのは、これらをどう使いこなせばよいかを判断する耳とゴールイメージを持つことです。特に耳は、急に良くなるものではありません。普段からいろいろな音を意識的にたくさん聴き、その音の成り立ちや特徴、そして自分で作るとしたらどうアプローチすればよいか、制作者視点で音に接してみることで、少しずつ良くなっていきます。

音には、これを押せば音が良くなるというスーパーボタンはありません。一見派手に見えるかもしれない音作りの分野は、小さいこだわりの積み重ねで成り立っていることが、本書を通じて少しでもお伝えできていると幸いです。そして音は、機材であれ技術であれ、どれだけ追及しても終わりがない分野です。掘り下げれば掘り下げるほど、常に新しい発見があります。気付けばその沼にハマり深く深く潜っていた、そんな状況に陥っていたらあなたはもう立派なサウンドクリエイターかもしれません。

最後に、本書におけるコンテンツ制作において、ナレーションレコーディングでご協力いただいた、東放学園音響専門学校 教務教育部 音響技術科 学科主任の阿部純也先生、専門学校東京アナウンス学院 教務教育部の疋田ひとみ先生、同校アナウンス科2年の三上奈央さん、そして、執筆にあたり企画から完成まで一緒に悩み議論していただいた株式会社ビー・エヌ・エヌ新社 編集長の村田純一さん、それに加え執筆中の細かい不明点にも一つひとつ丁寧にお答えいただき、常に心強いサポートをいただいた同社 副編集長の石井早耶香さん、本書の内容をわかりやすく且つかっこよく仕上げていただいたデザイナーの駒井和彬さんに厚く御礼申し上げます。また、その他多くの関係者の方々にご協力いただき本書を完成させることができました。誠にありがとうございました。

坂本昭人

著者紹介

坂本昭人（さかもと・あきひと）

レコーディングエンジニア、サウンドエンジニア、デジタルハリウッド助教。同校でサウンドデザインを教える。ビクタースタジオでのアルバイトからキャリアをスタートし、Azabu West Studioを経てデジタルハリウッドで教育研究に従事しながらエンジニア活動も行う。avexやソニー、ポニーキャニオンなどのアーティストをはじめCM音楽やナレーションのレコーディングやミックス、劇場版映画や企業動画のMA、赤坂ブリッツやEXシアターなどでのPAのほか、坂本音響塾やVR音響の教育研究も手掛ける。

映像・動画制作者のためのサウンドデザイン入門
これだけは知っておきたい音響の基礎知識

2020年2月25日　初版第1刷発行

著者　坂本昭人
デザイン　駒井和彬（こまゐ図考室）
撮影　水野聖二
編集　石井早耶香

発行人　上原哲郎
発行所　株式会社ビー・エヌ・エヌ新社
〒150-0022
東京都渋谷区恵比寿南一丁目20番6号
E-mail：info@bnn.co.jp
Fax：03-5725-1511
http://www.bnn.co.jp/

印刷・製本　シナノ印刷株式会社

ISBN978-4-8025-1169-8
Printed in Japan